AF366284

LE LAVERACK SETTER

OUVRAGES DE LA BIBLIOTHÈQUE DE « L'ÉLEVEUR »

P. MÉGNIN. — LE FURET, *histoire, utilisation, hygiène, médecine*, une brochure in-12 avec figures.

C. CERFON. — LA CHASSE A COURRE DU LIÈVRE, brochure in-8º avec une planche.

C. CERFON. — LA CHASSE SOUS TERRE, un beau volume in-8º, orné de 53 figures, dont plusieurs hors texte.

P. MÉGNIN. — LE CHEVAL, *choix, éducation, hygiène et maladies* (première partie comprenant le choix, l'éducation et l'hygiène du Cheval) — (la deuxième partie, qui comprendra les maladies, est en préparation); un beau volume in-8º avec de nombreuses gravures dans le texte.

Vincennes, Imp. Albert Lévy et frère, 2 rue Lejemptel.

BIBLIOTHÈQUE DE L'ÉLEVEUR

LE
LAVERACK SETTER

PAR

Henri DEQUIN

Orné de Quinze Portraits de Laveracks Setters célèbres

DESSINÉS POUR LA PLUPART D'APRÈS DES PHOTOGRAPHIES

Par P. MÉGNIN

VINCENNES

AUX BUREAUX DE L'ÉLEVEUR

19, Rue de l'Hôtel-de-Ville, 19

1887

Emperor Fred   **Empress Symbol**   **Empress Meg**

Fig. 1. — Laveracks setters cédés par M. John R. Robinson à M. le baron de Rosen (d'après une photographie).

LE LAVERACK SETTER

On parle beaucoup en ce moment du Laverack Setter, il tend à devenir le chien à la mode et à supplanter le Gordon Setter qui, pourtant, jouit d'une grande faveur ; pour mon compte, je le déplore ; si le Laverack sort du petit cercle d'éleveurs et d'amateurs sérieux entre les mains desquels il est resté jusqu'à ce jour, une ère de décadence s'ouvrira pour lui comme elle s'est ouverte pour le Gordon ; à côté des animaux d'élite qui resteront la propriété de quelques privilégiés, on verra surgir à l'usage du gros public des chiens qui n'auront du Laverack Setter que le nom et un pedigrée faux dont les auront affublés des vendeurs peu scrupuleux. Hâtons-nous d'étudier cette admirable bête pendant qu'il en est temps encore, trop heureux si nous pouvons contribuer à conserver cette excellente race.

« Je ne médis pas du Pointer, mais je me proclame l'homme du Setter », a déclaré hautement M. Laverack ; pour la France, sauf peut-être dans le Midi, le Setter est le premier chien

du monde : s'il résiste à la chaleur moins bien
que le Pointer, il a sur ce dernier l'immense
avantage d'aller mieux au bois, dans les ronces
et les ajoncs, et de supporter les fatigues de la
chasse au marais beaucoup mieux que son rival
à poil ras.

Le chasseur qui se borne à faire quelques
ouvertures en pays découvert, où l'eau manque,
aura certes raison de prendre un Pointer, mais
celui qui chasse toute l'année fera bien d'adop-
ter le Setter qui lui rendra partout et en tout
temps d'excellents services ; enfin le Setter a
un aspect plus flatteur à l'œil, et, sauf *peut-être*
parfois le Red Irisch Setter, il est plus doux,
plus caressant : il a, en outre, au point de vue
de la chasse française, le précieux avantage de
se mettre très facilement au rapport.

Il existe un grand nombre de races de Setters,
la plupart sont conservées avec un soin jaloux
dans les chenils des grands propriétaires écos-
sais et ne figurent ni aux expositions ni aux
field-trials ; les seules races que l'on trouve
dans le commerce sont le Gordon, le Red Irisch
et le Laverack ; c'est de ce dernier que nous
allons nous occuper ici.

Fig. 2. — **Royal Prince** (K. C. S. B. 14146) par *Dash II* (K. C. S. B. 5039) hors de *Countess Rose* (K. C. S. B. 9123)
Élevé par M. Llewellin. 1er prix : Exeter: 1er prix : Plymouth : 1er prix : Dorchester: 1er prix et coupe à Bodnier ; 1er prix et coupe
à Penzance ; 1er prix des setters mâles: Paris 1886. Appartient à M. Coulombel, à Hesdin (Pas-de-Calais).
(D'après un portrait communiqué.)

I

L'origine de ce chien est parfaitement connue : en 1825, M. Laverack acheta au Révérend
A. Harrisson, près de Carlisle, deux chiens
blancs mouchetés de noir (*blue belton*), Old Moll
et Ponto; ce fut la source unique d'où descen-
dirent tous les animaux élevés par l'illustre
amateur. Le Révérend Harrisson prétendait
avoir toujours conservé cette race pure depuis
trente-cinq ans, ce qui la ferait remonter à
1790 Quoiqu'il en soit, Old Moll et Ponto sont
les deux premiers de cette famille dont l'origine
soit absolument certaine, c'est donc à eux deux
et *à eux seuls* que doit aboutir le pedigrée d'un
pur Laverack.

Les animaux de race pure sont extrêmement rares; provenant d'une consanguinité
exagérée, ils sont très difficiles à élever. Le
Laverack a été mélangé avec d'autres Setters,
et les produits ainsi obtenus ont souvent été
très bons, parfois même absolument remarquables; telle est l'origine de champion *Ranger*, le plus célèbre setter qui ait été présenté
au public, et de la fameuse race de M. Purcell Llewellin.

Le Laverack croisé a sur celui de pur sang

l'avantage de s'élever plus facilement et d'être plus souple, mais il est reconnu que le Laverack doit, à tout prix, être conservé absolument pur pour servir de source où viendront se retremper les chiens de sang mélangé, qui, sans cela, menaceraient de dégénérer très rapidement. Ce point de vue particulier de l'élevage étant mis de côté, un peu de sang étranger n'est pas nuisible, au contraire, mais sous la condition expresse qu'il s'agisse d'animaux ayant un pedigrée parfaitement en règle; ces chiens étant moins sujets aux maladies qui sont malheureusement trop souvent la conséquence de la consanguinité. Le croisement le plus recommandé est 3/4 de sang laverack et 1/4 de sang étranger; je pense, quant à moi, que 1/8 de sang étranger est largement suffisant. C'est à peu près sur ces données qu'est basée la célèbre race de M. Purcell Llewellin : cet amateur est parvenu au plus haut degré de perfection par un élevage dirigé de main de maître, et ses chiens, connus sous le nom de Llewellin's Setters, aussi parfaits comme formes que comme qualités de chasse, sont extrêmement recherchés, surtout en Amérique ; il est malheureusement presque impossible de s'en procurer.

Le Laverack Setter, même à l'état de pureté absolue, ne constitue pas une race : il est rangé aux expositions du Kennel Club dans la classe des english Setters et nos voisins ne reconnaissent comme races distinctes que le Gordon Setter et le red Irish Setter, toutes les autres variétés sont comprises sous la dénomination générale de Setters anglais; cependant, il est parfaitement avéré que si le Laverack n'est pas une race, c'est au moins une famille bien tranchée dont nous allons essayer de déterminer les caractères particuliers.

II

A quoi reconnait-on un laverack? me demandait dernièrement un de mes amis. La réponse n'est pas facile, car il y a plusieurs types; on distingue même généralement l'ancien et le nouveau qui, mélangés ensemble, ont amené une grande diversité dans l'extérieur, et pourtant, le laverack se reconnait au premier coup d'œil à ce je ne sais quoi du chien de grande race qu'il possède au plus haut degré.

M. Laverack a pris soin de déterminer dans son livre ce qu'il considérait comme le beau idéal, et nous donne de ses chiens la description suivante : la tête longue, et de préférence légère, mais sans exagération; le nez gros, noir, moite, froid et brillant, bien développé, l'œil grand, doux et intelligent, de couleur brun foncé; les oreilles placées bas et en arrière, aplaties contre les joues; plutôt longues que courtes, pas trop pointues, souples et minces de peau; le cou musculeux et maigre, légèrement arqué, sans aucune trace de fanon, de forme élégante et ayant une apparence de race. Les épaules sont, pour **M.** Laverack une des parties les plus importantes du setter; elles doivent être très obliques, plus elles le seront

mieux cela vaudra ; le dos doit être court, ho-
rizontal et bien droit ; la poitrine profonde et
large avec les fausses côtes bien développées ;
le rein très fort, large et légèrement arqué ;
les hanches bien courbées ; la queue placée
haut, de moyenne longueur, légèrement re-
courbée en forme de cimeterre, bien garnie de
poils tombant en longues mèches ondulées.
Passant ensuite à l'examen des membres, l'illustre amateur veut : l'avant-bras épais, très
musculeux ; le coude bien descendu ; la jambe
très courte ; la cuisse longue ; le pied bien
serré et compact, en forme de pied de lièvre
ou en forme de cuiller, bien protégé par le poil
qui pousse entre les doigts. Le poil, qui chez
tous les chiens de race offre tant d'importance,
doit être très abondant, long, soyeux, la collerette doit se relever franchement, les culottes
et les pattes très garnies.

La couleur est blanche et noire, ou blanche
et orange ; quand le poil est blanc tacheté de
petites mouchetures noires ou orange, cela
constitue le *blue belton* et le *lemon belton* ; M. Laverack ne faisait aucune distinction entre ses
chiens blanc et noir et ceux blanc et orange ;
il les croisait entr'eux sans y attacher la
moindre importance.

Le chien ainsi décrit est un animal bas sur
pattes, d'une grande profondeur de poitrine,
mais offrant un aspect un peu lourd ; ses jambes
courtes le font paraître un peu long par suite
du défaut de proportion qui existe entre la
hauteur à l'épaule et la longueur depuis l'ex-

Fig. 3. — **Countess**, Laverack setter.

trémité du nez jusqu'à la naissance de la queue.
Ce laverack de l'ancien type résiste admirablement parce que sa poitrine énorme lui donne
le souffle nécessaire et son rein très fort lui
procure la force indispensable pour soutenir sa
quête ardente, enfin, il résiste *avant tout* parce
que sa pureté de race est absolue et qu'en fait
de chiens, on ne saurait trop le répéter, *le sang
prime tout.*

Il ne faut pourtant pas prendre à la lettre cette
description; outre qu'un animal y répondant
absolument serait presque impossible à ren-
contrer, les chiens mêmes de M. Laverack s'é-
loignaient en plus d'un point de cet idéal ainsi
formulé par leur éleveur; pour n'en citer qu'un,
Countess, le plus célèbre peut-être qui soit sorti
de ce chenil, cette merveilleuse chienne qui
avec ses sœurs *Nellie* et *Daisy* a porté au plus
haut degré la renommée de sa race était, au dire
de ceux qui l'on vue, étroite du devant; elle
n'avait pas cette poitrine large que préconise
M. Laverack, mais elle rachetait ce défaut de
largeur par une grande profondeur et un grand
développement des fausses côtes.

A tort ou à raison, ce type a été modifié, et les
chiens que nous rencontrons aujourd'hui dans
les expositions en diffèrent sensiblement; la
taille s'est élevée, par suite le chien est devenu
plus léger, plus élégant, mais, souvent aussi,
malheureusement, la poitrine a diminué de
volume, le rein s'est allongé et surtout affaibli.

Ce changement dans l'extérieur du Laverack
s'est produit d'abord par des croisements;

M. Purcell Llewellin, ayant croisé des chiens Laveracks avec un Setter du chenil de M. Armstrong, *Dan*, obtint des produits qui joignaient aux qualités de nez et de résistance distinguant la race pure, une apparence plus élégante; cette variété, que son créateur désigna sous le nom de chiens de field-trials par excellence, fut très vite en faveur; quelques éleveurs, suivant la mode, affinèrent les formes de leurs Laveracks sans pour cela recourir à des croisements, ce fut l'origine du nouveau type.

Ces chiens diffèrent de ceux que nous avons décrits par une plus grande longueur de jambes, par une plus grande élégance; ils sont moins fournis de poil qui doit être absolument plat sans la moindre trace d'ondulation.

Tam O Shanter, qui vient de mourir dernièrement, et son fils, *Tam of Braunfels*, sont en quelque sorte la personnification de ce nouveau type de Laverack; il suffit de jeter un coup d'œil sur le portrait de *Tam of Braunfels* pour être frappé en même temps de la puissance et de l'élégance des formes; une tête fine d'une rare intelligence, une poitrine bien développée un rein gros et court, un squelette puissant, tout, jusqu'à la belle qualité de poil et à sa couleur *blue belton* concourent pour en faire un modèle à proposer aux éleveurs.

Tam O Shanter était fils de *Champion Rock* hors de *Rum*. Acheté au sevrage par M. G. Lowe, il resta toute sa vie la propriété de cet amateur; il avait eu dans sa jeunesse un ac-

Fig. 4. — **Tam of Braunfels,** par Tam O Shanter, hors Daisy (d'après une photographie communiquée par S. A. S. le prince de Solms Braunfels).

cident à une patte de devant; par suite de
cette circonstance, son maître avait toujours
refusé de l'exposer, mais, au dire des amateurs
les plus compétents, c'était le plus beau Setter
qu'on eut rencontré depuis de longues années
Il était merveilleux en chasse, ses qualités
de nez d'arrêt et de quête, étaient naturelles,
car jamais il n'avait été mis entre les mains
d'un dresseur; il avait le don précieux de les
transmettre à ses produits en même temps
que ses qualités physiques. Sa descendance
est actuellement une des plus illustres ins-
crites au Stud-book; elle compte parmi tant
d'autres *Sir Alister*, *Robbie Burns*, *Tam of Braunfels*, le plus beau peut-être des Setters du continent, *Youg Blue Prince*, *Countess Kate*, *Wild
Rose*, *Lady Clare*, *Princesse-Irène*, etc., etc., tous
aussi célèbres par leurs succès aux fieldtrials
que par les prix gagnés aux expositions. *Tam
O Shanter*, son père *Champion Rock*, *Blue Prince*
et *Old blue Dash* sont les piliers de la race des
Laveracks, de même que *Major*, *Drake*, *Bounce*
et *Hamlet* sont la base fondamentale des
grandes familles de Pointers.

Ce nouveau type du Laverack, tout en offrant
sur l'ancien un avantage marqué au point de
vue de l'élégance des formes, présente un écueil
bien dangereux pour l'éleveur; il donne prise
à la dégénérescence Tout le monde sait, en effet,
que les premiers symptômes du fléau sont l'al-
longement des jambes, la diminution de la poitrine; le rein devient plus long et moins fort,
le crâne se déprime, le museau s'allonge en

pointe; la tête prend la forme désignée commu-
nément sous le nom de *tête de serpent*, enfin le
squelette diminue de volume; l'animal ne présente plus qu'un extérieur élégant, raffiné,
mais sans consistance; le chien ne peut résister aux fatigues de la chasse et se trouve inca-
pable de transmettre à ses produits des qualités
qui lui font entièrement défaut.

Pour obvier à cet inconvénient, plusieurs
amateurs distingués ont voulu conserver le
Laverack bas sur ses pattes, puissant de corsage
et de rein qui forme la source où peuvent se
retremper les races par trop affinées que les
expositions avaient un instant mises à la mode;
c'est ainsi que de nos jours encore on peut ren-
contrer des reproducteurs tels que *Royal Rock,
Blue Boy, Emperor Fred, Empress Meg, Empress
Symbol* qui répondent aussi exactement que
possible à la description donnée par M. Laverack; leur utilité est incontestable, mais on pré-
fère généralement le type de *Tam O Shanter*.

Les chiens les plus recherchés aujourd'hui
doivent présenter une tête fine et légère (mais
en se gardant bien de la tête de serpent), le nez
doit être bien ouvert, de couleur noire, sauf
parfois chez les chiens blanc et orange où il
varie du rose au marron foncé; les mâchoires
sont fortes; les babines franchement marquées
mais pas tombantes comme chez le bloodhund,
l'oreille longue, plantée bas et en arrière, bien
garnie de longues soies ondulées; les yeux sont
à la fois doux et vifs, l'intelligence éclate dans
le regard, leur couleur est le brun aussi foncé

Fig. 5. — **Blue Boy,** Laverack setter à M. E. Bishop (d'après un portrait communiqué).

que possible. Le cou est élégant et musculeux, plutôt un peu long ; il se raccorde bien avec la tête en dégageant le derrière du crâne, il ne doit pas présenter trace de fanon ; la collerette se détache franchement.

La poitrine, plutôt profonde que large, doit bien se développer derrière les épaules, les fausses côtes, longues et bien ouvertes empêchent le chien d'avoir l'apparence levrettée ; la côte doit être bien ronde, la côte plate ne laissant pas suffisamment de jeu au cœur et aux poumons.

Le rein, très court chez l'étalon, plus long chez la chienne afin de donner plus de place à la portée, doit toujours être large, très puissant, offrant comme une sorte de saillie qui laisse pressentir la force. Le fouet, bien attaché, plutôt un peu haut, sera gros à la naissance pour se terminer en pointe ; plus il sera court, mieux cela vaudra, malheureusement, beaucoup de ces chiens, et des meilleurs, ont le fouet d'une longueur désespérante ; dans les beaux sujets, la queue ne dépasse pas le jarret. Elle est garnie de longs poils très fins, qui commencent à quelques centimètres de la naissance pour augmenter de longueur jusqu'au milieu, ils décroissent ensuite jusqu'à l'extrémité du fouet. La queue doit être droite ou former une légère courbe ; en général elle est bien portée, ce qui fait passer sur sa longueur.

Les épaules sont très obliques, les omoplates très longues ; les cuisses bien jambonnées ; les

pattes sont fortes ; le pied, tantôt rond, tantôt
long, doit toujours être serré et bien garni de
poils qui, poussant jusqu'entre les doigts, pro-
tègent la sole. On n'est pas d'accord sur la
forme des pieds du setter : les uns les veulent
ronds, *en pied de chat*, les autres préconisent le
pied long, dit *pied de lièvre*; ce dernier est certainement plus élégant, a plus un air de race;
la meilleure forme, à mon humble avis, est un
pied modérément long, serré posant bien sur
le sol et garni d'une peau très résistante.

Le poil est très fin, brillant, de moyenne
longueur, bien couché, sans boucles ni ondula-
tions ; sa belle qualité suffit souvent pour dé-
noter un animal de race ; doux au toucher, il
est plus long sur le dos que sur les flancs : court
sur la tête et le museau, il est au contraire très
long à la partie postérieure des membres où il
forme de belles franges du plus gracieux effet:
aux membres postérieurs, ces franges, très longues sur la fesse où on leur donne le nom de
culottes, cessent au jarret pour reprendre un
peu au-dessus du pied.

La couleur est très variable : les deux races
primitives, blanche et noire, et blanche et
orange ayant été croisées entre elles, il en est
résulté des chiens tricolores et même des blanc
et foie; ces derniers sont fort peu estimés. On
cherche autant que possible à éviter cette
nuance. La couleur à la mode est le *blue belton*,
fond blanc avec petites mouchetures noires, la
tête bien marquée de noir avec étoile blanche
au front et les oreilles noires est d'un char-

mant effet et accompagne on ne peut mieux le *bleu* du corps; ce genre de marque est très rare. On rencontre presque toujours des taches noires sur le corps. Après le *blue belton* vient le *lemon ou orange belton*, différant du premier en ce que les taches sont oranges au lieu d'être noires.

Vient ensuite le tricolore qui tire son origine du croisement des variétés blanche et noire, et blanche et orange. Enfin, en dernier lieu, nous trouvons le blanc et foie provenant du croisement des Laveracks avec un Setter blanc et foie d'Edmond Castle, disent les uns, du croisement des variétés blanche et noire et blanche et orange, si l'on en croit les autres.

Tout ceci, en somme, est une simple question de mode et n'offre pas grand intérêt pratique pour l'éleveur, d'autant plus que deux chiens de même nuance peuvent, en vertu de l'atavisme, produire des jeunes d'une autre couleur.

Le Laverack moderne diffère en plusieurs points du type originaire; bien que d'une taille fort ordinaire, variant en général de 54 à 58 centimètres de hauteur à l'épaule, il est plus grand et surtout paraît plus grand à cause de ses jambes plus longues; il est moins chargé de poils, et les soies sont très plates au lieu d'être légèrement ondulées, comme le désirait M. Laverack; enfin, la poitrine est moins profonde et la côte plus ronde.

Au point où nous en sommes, il importe de signaler les quelques défauts, secondaires il est vrai, mais qui se représentent fréquemment chez les chiens les mieux racés et même chez des lauréats d'expositions.

En premier lieu, éviter une tête plate : c'est le commencement de la tête de serpent, c'est un commencement de dégénérescence. Le Laverack a souvent la queue très longue, parfois même elle offre une légère déviation à droite ou à gauche ; cependant elle est généralement bien portée. Beaucoup de ces chiens ont les soies s'enroulant autour de la queue, au lieu de tomber franchement. Enfin, on doit rechercher un pied serré, ne s'écartant pas en marchant ; ce dernier point est de la plus haute importance, car de bons pieds sont, avec la poitrine et le rein, un des éléments de résistance à la fatigue.

III

Nous venons de faire aussi exactement que possible le portrait physique du Laverack setter, esquissons maintenant son portrait moral et voyons ses qualités de chasse.

Comme douceur de caractère, il est sans rival : caressant, dévoué, son œil intelligent cherche toujours le regard du maître; très sensible aux reproches, la correction est généralement chose inutile avec lui; si pourtant elle est devenue nécessaire, l'animal n'en conserve pas rancune, et le vieux cliché du chien qui lèche la main de son maître a dû être inventé pour un Laverack setter.

Il se plie très facilement à l'obéissance qui arrive à être aussi complète qu'on peut la désirer; c'est un jeu de lui apprendre le coucher à la main levée et l'obéissance au geste.

Le seul moment difficile de l'éducation est celui où le jeune chien se trouve pour les premières fois en présence du gibier: son instinct pour la chasse est tellement développé que le fumet du gibier le grise, le jeune animal s'élance au départ de la pièce et, si l'on n'y prend garde, peut contracter la funeste habitude de forcer l'arrêt.

Le Laverack n'est pas un chien qu'il faille pousser pour lui donner le goût de la chasse, il a plutôt besoin d'être retenu, mais, quand la sagesse et l'expérience lui sont venues, son arrêt égale si même il ne le surpasse, l'arrêt des autres espèces de setters.

Je viens de dire qu'il avait besoin d'être retenu; ce n'est pas que je prétende l'amener à quêter dans les culottes de son maître: l'allure du Laverack a besoin d'être modérée par le dressage, mais quant à lui demander une quête sous le canon, comme il arrive assez souvent, c'est lui demander trop, c'est exiger de lui une chose contraire à son tempérament, c'est oublier qu'il a été créé pour les landes de l'Écosse où la quête hardie et presque indépendante est considérée comme l'une des plus précieuses qualités.

Puisque nous en sommes à cette question de la quête, tâchons d'en finir une bonne fois avec la *grande quête* des chiens anglais, résultant du dressage anglais, et de bien nous entendre sur ce qu'on demande de l'autre côté du détroit à nos braves collaborateurs. Personnellement, je n'y ai jamais chassé, mais j'ai pu me renseigner auprès d'amateurs ayant habité l'Écosse et l'Angleterre: voici ce qu'ils m'ont appris :

En Écosse, on chasse dans des landes garnies de bruyères (les *moors* qui couvrent d'immenses étendues au flanc des montagnes: dans ces grands espaces, le chien peut et doit parcourir beaucoup de terrain afin d'éviter la fatigue à son maître qui le surveille sur la hauteur ; c'est la grande quête à cinq cents mètres dont on a tant parlé et qui a fait jeter les hauts cris à tant de chasseurs français.

En Angleterre, les conditions de chasse, la nature du gibier se rapprochent beaucoup plus de ce qui se trouve chez nous, et là, comme en France, la quête est plus restreinte ; le chien va en zig-zags, *en barrant* devant son maître sans s'écarter de plus de quarante à cinquante mètres, c'est à peu près ce que demandent les fanatiques de la courte quête ; or, rien n'est plus facile que de faire quêter un pointer ou un setter à cette distance qui paraît même adoptée depuis quelque temps dans les fields-trials d'Angleterre et du continent.

L'insuccès des chiens anglais auprès d'un grand nombre de nos compatriotes vient, ou de ce que ces chiens avaient été dressés pour les chasses d'Écosse, ou, le plus souvent, de ce qu'ils n'étaient pas dressés, et, il faut le dire, une fois pour toutes, le pointer ou le setter livrés à eux-mêmes se laissent emporter loin du chasseur si un dressage rationnel n'est pas venu modérer l'ardeur qu'ils tiennent de leur pureté de sang ; d'ailleurs, ne voyons-nous pas le chien bâtard, le chien des rues se lancer aussi devant lui à toute vitesse lors de ses débuts ? Il est bientôt revenu près du maître parce que les moyens d'action lui font défaut, mais c'est dans la nature même du chien de partir ainsi à la recherche du gibier. Certes, il faudra plus de temps pour réduire la quête du setter que la quête d'un chien français, mais avec un peu de patience, la chose est facile : il suffit d'avoir la main ferme et de réprimer toute tentative d'émancipation.

Une excellente chose pour arriver à l'obéissance passive est d'exiger le coucher au départ de la pièce ; c'est peut-être là, j'en conviens, la partie la plus difficile du dressage, car elle contrarie directement le naturel du chien toujours porté à s'élancer sur le gibier qui se lève ; un des moyens les plus simples d'obtenir ce résultat est de ne pas faire rapporter, au moins pendant la première année ; n'ayant jamais l'occasion de sentir dans la gueule la pièce toute chaude, le chien se calme petit à petit, arrive à perdre l'envie de partir en avant, son arrêt est plus ferme et surtout l'obéissance est plus grande.

Il ne faudrait point arguer de ceci que le Laverack setter est impropre au rapport : bien au contraire, il rapporte admirablement et a généralement la dent très douce, mais, ne l'oublions pas, nous sommes encore dans la période du dressage, au moment où il s'agit d'assouplir le chien, de régler sa quête, de l'affermir dans son arrêt, et de le plier à l'obéissance passive ; plus tard, quand l'expérience lui sera venue, quand ce sera un chien sage et prudent, on pourra le laisser rapporter, mais au début, je le répète, il est préférable, selon moi, d'interdire le rapport à l'élève qu'on veut mettre en chasse.

Beaucoup de chasseurs, et même des profes-

seurs *di primo cartello* réprouvent cette manière
d'agir et veulent commencer par mettre leur
élève au rapport, disant que le jeune chien se
blase très vite et arrive par suite à perdre toute
envie de s'élancer après la pièce qui se lève.
J'aurais mauvaise grâce à ne point reconnaitre
que j'ai vu des chiens ayant commencé par
être mis au rapport qui se montraient d'une
sagesse parfaite ; mais, *au bout de combien de
temps ?*

La satiété du rapport, si tant est qu'elle
se montre, surtout chez un jeune animal, ne
peut arriver que là où le gibier est extrêmement abondant, où le chien, servi par un excellent tireur, rapportera une grande quantité de
pièces en quelques heures ; mais, prenons la
généralité des cas : nous sommes sur une chasse
banale, ou peu s'en faut ; le gibier est rare ; le
chasseur, si bon tireur qu'on puisse le suppo-
ser, tuera *peut-être* trois ou quatre pièces dans
sa journée ; je soutiens que le rapport de ces
trois ou quatre pièces ne calmera pas le chien
et ne fera au contraire que l'exciter ; et si, à ce
moment, l'animal en dressage poursuit un
lièvre tiré, la solidité de l'arrêt se trouvera par
là même très compromise ; cependant, un bon
retriever doit poursuivre et rapporter le lièvre
tiré et blessé ?

Quoi qu'il en soit, c'est mon opinion personnelle que j'émets ici, le but que nous pour-
suivons est de calmer le jeune chien ; bien des
moyens sont préconisés chaque jour, ils sont
bons s'ils conduisent au résultat désiré ; j'in-

dique celui qui m'a réussi sans prétendre pour
cela crier haro sur les autres méthodes.

Le Laverack doit à son obéissance naturelle
d'être plus facile à tenir que certaines espèces
de chiens anglais; il faut certainement se donner moins de peine pour restreindre sa quête
que pour restreindre celle d'un Pointer, par
exemple, quand on l'a bien dans la main, on
le laisse aller jusqu'où l'on veut, et il ne va
jamais plus loin.

J'ai dit plus haut que la quête ordinaire du
Pointer ou du Setter chassant dans la partie
méridionale de l'Angleterre, s'étendait à quarante mètres environ de chaque côté du chasseur; certaines personnes trouvent encore cette
distance exagérée, et de fait, lorsqu'on chasse
en ligne, on s'expose à voir le chien quêter,
non seulement pour son maître, mais aussi
pour les voisins; le remède est bien facile, on
n'a qu'à faire mettre l'animal derrière soi, ce
qui a même l'immense avantage d'augmenter
encore son obéissance et de calmer sa fougue.
Je dois d'ailleurs, pour être franc, dire ici toute
ma pensée : quand je recommande le Laverack,
je m'adresse aux vrais chasseurs, à ceux qui
cherchent le gibier, luttent ouvertement avec
lui, et estiment davantage deux ou trois pièces
tuées correctement à l'arrêt du chien, qu'un
carnier bondé de gibier élevé en basse cour et
poussé par une armée de rabatteurs sous le
fusil des tireurs embusqués pour l'assassiner;
les premiers trouveront dans le Laverack un
compagnon rustique, vigoureux, ardent, ayant

Lord-Tom, Laverack setter, appartenant à M. Mulard, à Lille, d'après une photographie.

le sentiment de la chasse développé au plus
haut point; quant aux seconds, si j'ai un con-
seil à leur donner, qu'ils ne prennent pas de
chien, ou, s'ils veulent absolument en avoir
un, qu'ils choisissent un bâtard bien mou qui
ne quittera point les talons de son maître.

Le Laverack quête au galop avec beaucoup
d'ardeur et tombe tout d'un coup en arrêt; il a
le nez très fin, il évente le gibier de très loin,
cependant, beaucoup de chiens de cette race ne
portent pas le nez aussi haut qu'on pourrait le
désirer, non pas, bien entendu, qu'ils quêtent
le nez à terre, mais ils ne l'ont pas toujours
aussi relevé que le Pointer.

Malgré ce défaut, qui est loin d'être général,
le Laverack est considéré actuellement comme
le meilleur de tous les Setters, et, de fait, il est
constant qu'aux field-trials de ces dernières
années il a presque toujours été vainqueur
dans la classe des Setters et a même souvent
remporté la palme dans les classes de Pointers
et Setters réunis.

La quête avec le nez bas est souvent le résultat d'un mauvais dressage; que de fois, en
effet, on mène le jeune chien dans les champs
sans lui faire prendre le vent, il contracte
ainsi la funeste habitude de flairer les pistes
au lieu de demander à la brise les émanations
du gibier, vous évitez au contraire ce grave
inconvénient si vous menez tout d'abord votre
animal sur le gibier un jour de grand vent,
vous verrez le chien lever la tête au lieu de
mettre le nez en terre. C'est également une

bonne chose de faire chasser votre élève dans une pièce de féveroles, ou dans une bruyère un peu fourrée; s'il veut baisser le nez, il se trouvera immédiatement arrêté par les obstacles provenant de la nature même du terrain et relèvera la tête; une école que je trouve excellente à ce point de vue, c'est la chasse à la bécassine. On peut affirmer, sans crainte d'être contredit par qui que ce soit, qu'au bout de très peu de temps, le chien de bécassine prend de lui-même l'habitude de quêter la tête au vent et ne met jamais le nez en terre.

Je viens de parler de la bécassine; je ne saurais trop recommander le Laverack pour cette chasse attrayante entre toutes; il a la finesse du nez, l'arrêt de roc, la vigueur, l'amour du barbotage; c'est, je crois, tout ce qu'on peut demander. Quand j'aurai ajouté qu'il résiste admirablement à l'eau, que son intelligence lui permet de se plier très vite aux manœuvres que nécessite la chasse au marais; on conviendra qu'un tel bagage est difficile à réunir, et que mon protégé mérite bien que je lui fasse un peu de réclame.

J'oubliais une chose : le Laverack en chasse porte la queue basse; c'est un des signes distinctifs de la race, cependant cette règle souffre d'assez nombreuses exceptions.

IV

Jusqu'ici nous avons vu le Laverack setter adulte, nous l'avons eu tout au moins en âge d'être dressé, il nous reste à examiner ce qui a trait à la reproduction et à l'élevage. Une partie de ce que nous allons dire peut s'appliquer à toutes les races de chiens, mais, en ce qui concerne plus particulièrement le Laverack, nous devons étudier les principaux reproducteurs afin de permettre à l'éleveur de faire son choix en parfaite connaissance de cause.

On se demande souvent ce qui est préférable : prendre un chiot au sevrage ou acheter un animal tout élevé. Ceci est essentiellement relatif et chacun des deux partis doit prévaloir suivant le point de vue auquel on se place.

Le propriétaire qui rêve les succès d'expositions ou de field-trials aura certes un avantage incontestable à choisir un animal tout élevé, tout dressé, ayant fait ses preuves, souvent même remporté des prix ; il pourra peut-être le payer parfois un peu cher, mais, tous comptes faits, le chien acheté ainsi à beaux deniers comptants constitue pour l'acquéreur une bonne affaire ; c'est en effet un animal d'élite, et il suffit d'avoir élevé pour savoir combien sont rares les animaux réunissant les qualités de chasse et les qualités extérieures, susceptibles d'être primés à la fois sur le terrain et aux expositions, même seulement susceptibles d'être primés sur le terrain *ou aux* expositions.

Que de fois on élève un chiot qui donne les plus belles espérances, on l'entoure de soins continuels, rien n'est épargné, le propriétaire voit dans ses rêves le jeune chien grandir, éclipser tous les champions passés, présents et à venir; survient la maladie, un accident, que sais-je, rien quelquefois, la bête se développe mal, manque de symétrie, devient tarée, adieu les prix et les succès; c'est Perrette et le pot au lait.

Quand on achète un chien adulte, rien de tout cela; on voit ce qu'on a, on sait ce qu'on paye, pas d'aléa, tout est connu *hic et nunc*; donc, nous le répétons, celui qui veut tenter la chance des concours doit acheter un animal tout élevé.

Nous venons de voir l'amateur ambitieux de se faire connaître; la même chose peut s'appliquer pour des motifs tout autres, hélas! aux indifférents. A celui qui ne s'occupe jamais de son chien, qui le prend de temps à autre pour aller chasser, mais ne s'inquiète pas de son animal; à celui-là aussi nous dirons : ayez un chien adulte, même un peu âgé, ayant déjà fait ses preuves, possédant l'expérience et la sagesse que donnent plusieurs saisons de chasse, prenez un vétéran, non pas un conscrit.

Je n'ai pas besoin d'insister sur les motifs qui me font agir ainsi à l'égard de l'indifférent, mais je tiendrai un langage tout autre aux amateurs (et ils sont l'immense majorité) qui voient dans le chien leur compagnon de tous les jours, — j'allais dire de tous les instants. — qui veulent un animal façonné en quelque sorte à leur image. qui veulent un chien pour eux, et s'inquiètent fort peu d'avoir un champion de field-trials ou d'expositions.

À ceux-là je dirai : n'hésitez-pas, prenez au sevrage, élevez vous-même : certes, vous aurez à compter avec les accidents, avec la maladie. mais avec des soins vous réussirez et vous serez récompensés au centuple. Jamais, en effet, un chien acheté à un certain âge n'arrivera à s'identifier avec son maître comme celui qu'on élève ; l'éducation. les méthodes de dressage, les simples intonations dans le commandement, tout change d'une personne à l'autre ; si l'on en croit un vieux proverbe, un chien qui a deux maîtres n'est jamais bien dressé ; faites en sorte que votre élève ne connaisse jamais qu'un seul maître, il arrivera à comprendre et à exécuter l'ordre sur un geste, sur un simple signe, vous obtiendrez ainsi dans le travail une précision que, sans cela, il ne vous serait jamais donné d'atteindre

Puisque nous en sommes à traiter cette question de l'achat d'un chien adulte ou de sevrage, deux points sont à examiner :

— Quelle est la valeur vénale du chien de race et plus particulièrement du Laverack setter ?

A qui doit on s'adresser pour acheter?

Si vous prenez un chien adulte, si vous voulez un chien primé aux expositions ou aux field-trials, rien n'est plus facile, il suffit d'ouvrir les catalogues où vous trouvez les adresses des propriétaires, la liste des chiens à vendre, l'indication du pedigree et des performances; les comptes rendus des concours antérieurs vous donnent les renseignements les plus précis, et, quand vous les avez complétés par quelques détails sur le caractère de l'animal, vous pouvez acheter en confiance; il faut cependant bien se rappeler que les prix portés aux catalogues sont toujours notablement plus élevés que ceux auxquels le propriétaire laisse partir le chien, et qu'on peut obtenir un rabais qui atteint souvent 20 à 30 pour cent.

Envisageons une seconde hypothèse : un amateur veut acheter un chien adulte, dans toute la force de l'âge, ayant par conséquent deux à trois ans, bien dressé, et de premier ordre en toutes choses; quel prix devra-t-il y mettre? De 600 francs à 1,500 francs dirons-nous, et ce chiffre, tout élevé qu'il soit, est très facile à justifier.

Prenons en effet une chienne de deux ans, de très haut pedigree, parfaite de formes, hors ligne en chasse, en un mot, une bête de tout premier mérite que nous payons 1,000 francs. Cette chienne fera une portée tous les deux ans, soit quatre portées à deux, quatre, six et huit ans, car on évite généralement de faire reproduire une chienne trop âgée; nous supposerons chaque portée de cinq jeunes, en moyenne, et nous admettrons que lorsque la mère aura fait sa dernière portée, sa valeur vénale se compensera avec les soins qu'elle a coûtés, ce qui est bien au-dessous de la réalité, en un mot la chienne arrivée à ce moment vaudra zéro. Elle coûtera donc à son propriétaire 1.000 francs d'acquisition qui doivent se répartir sur le prix des chiots.

Nous avons vu qu'elle donnerait dans sa vie une moyenne de vingt jeunes, et c'est être bien modeste qu'admettre seulement une mort par chaque portée jusqu'au moment du sevrage, nous supposerons donc que seize chiots arrivent sans encombre à l'âge de deux mois. Combien coûteront-ils à l'éleveur ? c'est un point de départ essentiel à établir.

Nous avons comme dépense :

Acquisition de la mère. . . .	1.000	»
Quatre saillies d'étalons renommés		
comptées à 100 fr. la saillie . .	400	»
Divers (saillies infructueuses, frais		
de voyage, chiennes nourrices,		
soins de maladie, etc.). . . .	300	»
Soit un total de dépenses de.	1,700	»

Chacun des chiots coûtera donc plus de 100 francs.

Admettons cependant le prix de 100 francs pour un jeune au sevrage, voyons ce que vaudra un animal d'élite arrivé à l'âge de deux ans.

Sur les seize chiots, un certain nombre viendra à mourir lors de la maladie, par suite d'accidents, et l'on peut estimer que dix seulement arriveront à l'âge adulte ; ils coûteront donc chacun 160 francs ; à ce chiffre, on doit ajouter les frais d'élevage, de nourriture, de maladie, et enfin, le prorata des dépenses faites pour les chiens morts entre l'époque du sevrage et le moment où ils sont adultes, ayant par suite coûté une certaine somme pour leur élevage. Le compte peut être établi ainsi pour un chien d'un an :

Valeur du chien.	160 »
Nourriture et entretien, douze mois à 10 francs par mois.	120 »
Frais de maladie, prorata des dépenses faites pour les chiens qui sont morts.	50 »
Divers.	20 »
	350 »

A cet âge d'un an, l'éleveur fait un triage, il conserve les jeunes qui lui donnent le plus d'espérances et réforme les autres. Ceux-ci, qui sont des animaux de second ordre, peuvent rendre d'excellents services aux chasseurs mais seront incapables d'enlever des prix aux expositions ou aux field-trials ; or, les amateurs seuls se décident à mettre une grosse somme dans un chien ; les chasseurs auxquels nous faisons allusion ne payeront guère ces animaux plus de 200 francs, en moyenne.

Sur dix chiens d'un an, l'éleveur en réformera
bien six, or, ces six chiens coûtent, à 350 francs
chaque . . . .   2.100   »
Ils sont vendus à raison de 200 fr.
    pièce, soit . . . .   1.200   »
                                    ————
D'où résulte une perte sèche de.   900   »

qui doit se répartir sur les quatre qui restent.

Ces derniers seront mis entre les mains
d'un excellent dresseur, et malheureusement,
nous sommes obligés d'aller chercher à l'étranger ces excellents dresseurs par suite de l'in-
terprétation judaïque trop souvent donnée aux
lois sur la chasse ; cela coûte très cher, et le
prix de revient d'un des quatre animaux qui
restent peut s'établir ainsi :

Valeur du chien   350   »
Prorata de la perte sur les six chiens
    réformés   225   »
Dressage   150   »
Frais de voyage et divers   25   »
                                    ————
                                    850   »

Les quatre chiens reviennent du dressage ;
tous sont très bons, mais deux ne valent pas
les autres et l'éleveur ne les conserve pas. Ils
seront vendus aux prix des bons chiens, mais
non aux prix des chiens de tout premier ordre ;
admettons qu'ils atteignent l'un 500 francs,
l'autre 600 francs, il rapportent donc 1,100 fr.
et en coûtent 1,700 francs, d'où une perte sèche
de 600 francs.

Cette perte, répartie sur les deux animaux qui restent, porte leur prix de revient à 850 fr., plus 300 francs, égal 1,150 francs.

Il reste deux animaux d'élite, mais on peut poser en fait que l'un vaut plus que l'autre ; or, admettons que ce dernier soit vendu 1,000 fr., ce qui est déjà une somme, la perte soit 120 fr. reportée sur l'autre chien le met à 1,300 fr.

Je demande pardon au lecteur de m'être livré à tous ces calculs, mais ils sont nécessaires pour mettre en garde contre les annonces que l'on voit trop souvent : « *Chien de tout premier sang, admirablement dressé, vainqueur certain d'expositions et de field-trials.* » pour un prix variant de 300 francs à 600 francs ; on voit ce qu'un animal dans ces conditions coûte à l'éleveur, et on ne peut refuser à ce dernier un léger bénéfice ; or, nous établissons, pièces en mains que, pour avoir un chien d'élite, il faut mettre de 1,000 francs à 1,500 fr., et ceci, bien entendu sans prétendre fixer la valeur de ces animaux exceptionnels que l'on voit surgir de temps à autre, comme les champion *Ranger*, champion *Emperor Fred*, champion *Sting*, *Tam O'Shanter*, *Tam of Braunfels*, *Sir Alister*, etc.

Mais, me dira-t-on, vos calculs peuvent être modifiés par bien des circonstances, et, pour ne citer qu'un fait, on voit des portées de huit et même dix jeunes, ce qui diminue d'autant le prix de revient du chien à sa naissance ?

Cela est parfaitement exact, mais, outre que je suis forcé de raisonner sur le *quod plerumque*

Fig. 7.—Champion Sting.

li, je répondrai que dans les portées très nombreuses, les jeunes n'ont pas dans le sein de la mère la nourriture suffisante pour atteindre leur développement normal avant la naissance ils viennent au monde chétifs, la mortalité est très grande dans le premier âge, et il est extrêmement rare d'obtenir alors des chiens de premier ordre, de sorte que, dans ce cas, le prix de revient se trouve plutôt élevé que diminué; aussi je suis en mesure d'affirmer, par mon expérience personnelle, que, dans la pratique, la moyenne des prix de revient pour l'éleveur est sensiblement égale aux chiffres que j'ai indiqués.

On pourra citer, j'en conviens, des personnes possédant des chiens de premier ordre, qui n'ont pas coûté, à beaucoup près, aussi cher que je viens de dire. Le plus souvent celui qui achète un chien au sevrage, qui l'élève chez lui, ne tient pas compte des dépenses d'élevage et, s'il vient par la suite à se défaire de l'animal, on peut parfois faire *une bonne affaire*, mais ce sont des hasards sur lesquels on ne saurait compter, et il est certain que le chien de *tout premier ordre* a toujours une grande valeur.

Les chiffres que j'ai donnés montrent à l'évidence que l'élevage du chien de race n'est pas chose lucrative; c'est attrayant, passionnant même, on s'y livre par goût et non par calcul, trop heureux si l'on arrive, pour employer l'expression vulgaire, à mettre les deux bouts ensemble.

La conclusion de ceci est qu'il faut, pour acheter un chien, s'adresser à des amateurs sérieux, à des éleveurs consciencieux, et non à ces industriels pour lesquels l'art d'élever des chiens se résume en un point unique, en tirer le plus gros bénéfice possible.

Puisque nous sommes sur ce sujet, je ne saurais trop mettre en garde contre ces trafiquants peu scrupuleux qui inondent de leurs annonces les journaux de sport; ils savent se faire des rentes en élevant, non des lapins, mais des chiens, et on ne dévoilera jamais assez leur manière d'agir. Le fait d'affubler d'un pedigrée faux un bâtard quelconque ayant quelques caractères extérieurs de la race d'où on veut le faire descendre, est heureusement assez rare, la manière de procéder est toute différente.

Nous avons vu l'immense différence de valeur qui existe entre les chiens du troisième ou quatrième ordre, et les autres qui, seuls, devraient être employés à perpétuer la race; or, les chiennes tarées, abimées, mal venues, mais pourtant d'origine authentique, sont acquises à vil prix par ces industriels, ils les font saillir par des étalons renommés, et offrent ensuite, à grands coups de tam tam ces produits dont ils demandent le même prix que s'ils descendaient d'animaux de valeur. L'origine est certaine, j'en conviens; parfois, dans le nombre, tel ou tel élève présente — par atavisme — les qualités de sa race et devient ainsi un objet de réclame pour le chenil que le hasard aura favo-

rise; mais quand on voit l'éleveur consciencieux, n'employant que des reproducteurs d'é-
lite, produire à grand peine quelques animaux
de premier ordre, on peut dire que les pra-
tiques auxquelles nous faisons allusion n'ont
d'autre résultat que d'abâtardir l'espèce.

C'est malheureusement lorsqu'une race est
à la mode, lorsque les succès obtenus par des
véritables amateurs, l'ont fait connaître, que
ces trafiquants s'en emparent; la demande est
incessante, il faut la satisfaire, on fait reproduire tout ce qu'on peut trouver, et les jeunes
s'enlèvent au sevrage à beaux deniers comptants; puis l'acheteur, joyeux d'avoir un des-
cendant de champion Rock ou de Dash, cons-
tate au bout de quelque temps que son animal
ne vient pas bien, qu'il chasse peu ou pas,
qu'il a une mauvaise santé, que sais-je, et la
conclusion est toujours la même.... ces chiens
de race, cela ne vaut rien; on est mal tombé,
on ne veut pas reconnaître qu'on a fait tout ce
qu'il fallait pour cela, et on cherche à discrédi-
ter une race excellente en elle-même.

Pour acheter un chien en toute confiance,
on peut s'adresser ou bien à un amateur possédant une ou deux chiennes, les employant à la
chasse et leur faisant faire de temps à autre
une portée, — ou bien à un chenil renommé.

Pour être franc, je dois reconnaître que, dans
le premier cas, on a peut-être plus de chances
d'avoir un animal d'élite car, le plus souvent,
l'éleveur ne conserve pas de jeunes pour lui, il
se défait de toute la portée; d'autre part, les

reproducteurs sont employés à la chasse, ce qui n'arrive pas toujours dans les grands chenils : en tout cas, celui qui ne possède qu'un ou deux chiens, s'en sert plus souvent que celui qui en possède un grand nombre, et l'exercice constant développe au plus haut degré les qualités de chasse qui se transmettent aux descendants.

Cependant, il existe heureusement des chenils importants auxquels on peut s'adresser en toute confiance ; nous allons en passer en revue quelques-uns en examinant les principaux reproducteurs de chacun d'eux.

V

Nous ne pouvons, le lecteur le comprendra
facilement, étudier par le détail chacun des
chenils français ou étrangers, nous devons
cependant montrer l'essor que notre élevage a
pris depuis quelques années. Les amateurs se
sont principalement attachés aux Gordons, et
il est avéré que les beaux chiens de cette race
se trouvent actuellement dans nos chenils. Le
Laverack est moins répandu, il lui manque
d'être connu parmi nous ; est-ce un bien, est-
ce un mal ? J'ai fait très franchement sur ce
point ma profession de foi au début de ce travail, et je crains fort que l'expérience vienne
bientôt me donner raison. Il suffit en effet de
parcourir les annonces de n'importe quel journal d'élevage pour être frappé du nombre des
laveracks mis en vente ; or, parmi ces animaux
offerts ainsi à grand renfort de réclame, combien y en a-t-il ayant dans les veines du sang
des chiens de M. Laverack ?

Nous autres Français, nous avons un grand
défaut, c'est d'admirer systématiquement ce
qui vient de l'étranger, surtout de l'Angleterre
et de dédaigner non moins systématiquement
ce qui vient de notre pays. En fait de chiens,

nous avons peut-être raison, pour les chiens
d'arrêt, j'entends, et en ce qui concerne plus
particulièrement le Laverack setter, nous
étions, jusque dans ces derniers temps du
moins, tributaire de l'étranger car les reproducteurs d'élite manquaient absolument chez
nous.

Il n'en est plus de même aujourd'hui : grâce
aux efforts de quelques amateurs éclairés, en
tête desquels je citerai MM. Paul Mulard, de
Lille, et, à l'autre bout de la France, M. Gautier, de Langon (Gironde), les lauréats des expositions et des field-trials d'Angleterre, de
Belgique et d'Allemagne, ont été importés
coûte que coûte ; l'élan a été donné, et, pour
peu que le mouvement en faveur du laverack-
setter continue quelque temps encore, nous
arriverons à avoir dans notre pays les plus
beaux chiens de cette race.

Ce n'est point de l'exagération ni de l'en-
thousiasme ; il suffit, pour s'en convaincre, de
passer rapidement en revue les principaux chenils de France, où l'on s'adonne à l'élevage du
laverack.

Commençons par le département du Nord.

Nous trouvons à Lille un jeune amateur,
n'ayant pas un très grand nombre de chiens,
mais quels chiens !!! Jugez plutôt.

Les laveracks-setters sont représentés par
deux étalons hors ligne :

Sir Gilbert, deux ans, blue belton, gagnant
de trois premiers prix en Angleterre, du prix
d'honneur pour le plus beau setter, et de la

Fig. 8. — **Sir Gilbert**, Laverack Setter, à M. P. Mulard, d'après une photographie.

coupe d'honneur pour le plus beau chien de
l'exposition à Paris en 1886.

Lord Tom, né le 14 janvier 1885, aussi blue
belton 2° prix, Crystal-Palace en février 1886,
à l'âge de douze mois, sur vingt-six concurrents; 2° prix, Paris 1886. Voici en quels
termes M. Webber, le juge des setters à l'exposition du Crystal-Palace, s'exprimait dans son
compte rendu : « *Lord Tom* est un chien ma-
« gnifique; un peu plus âgé, il remportera
« facilement le 1er prix. Il a le poil de très
« bonne qualité, la tête et le cou fort bien con-
« formés, l'œil beau, les pieds parfaits et les
« pattes bien bâties. *Lord Tom* est l'idéal du
« chasseur. »

On voit quel est le mérite de ce chien, et
pourtant, lorsqu'il s'est trouvé en concurrence
avec *Sir Gilbert*, à l'exposition de Paris, il a été
battu haut la main par ce dernier; c'est dire
la qualité de *Sir Gilbert* qui, ainsi que *Lord
Tom*, est fils du célèbre champion *Sir Alister*.

À côté de ces deux étalons, viennent trois
lices tout aussi remarquables : *Sylph*, que nous
avons tous admirée sans réserves à la dernière
exposition de Paris, *Blue Banner* et *Bessie I*.

L'heureux propriétaire de ces admirables
chiens est M. Paul Mulard, à qui nous devons
l'importation en France de quelques autres
setters de sang laverack, connus par leurs
succès aux expositions ou aux field-trials.

Je citerai, notamment : *Princess Irène*, que
nous allons retrouver tout à l'heure dans le
chenil de M. Coulombel; *Sir Kent*, appartenant

actuellement à M. Godefroy, de Puteaux ; *Roch III*, aujourd'hui propriété de M. le comte de Montaigu ; *Lady Abbess*, 1er prix Crystal-Palace, 1er prix et prix d'honneur Havre, cédée à M. Ollivry ; *Princess Iolanthe*, acquise tout récemment par M. Ambaud.

Les habitants du nord de la France sont, en général, grands amateurs de chiens, les animaux de valeur y sont assez répandus, et l'on y rencontre un grand nombre d'éleveurs. C'est aussi dans le nord de la France, à Hesdin, jolie petite ville du Pas-de-Calais, que nous trouvons le chenil de M. Coulombel, probablement le chenil d'élevage le plus important que nous ayons ; il comprend actuellement 130 chiens.

Si la devise de M. Mulard pourrait être : « *Pauca sed bona* », celle de M.-Coulombel pourrait être « *Multa* », mais il faudrait avoir soin de ne pas omettre le « *sed bona* » ; il suffit, en effet, pour s'en convaincre, de voir, en ce qui concerne les laveracks, les étalons et lices composant le chenil.

Les étalons, au nombre de cinq, sont les suivants :

1° *Royal-Prince* (K. C. S. B. 11446), né le 17 mars 1882, blanc et noir. Éleveur, M. Purcell Llewellin ; par *Dash II* (K. C. S. B. 5039), hors de *Countess-Rose* (K. C. S. B 9123).

Il a remporté 1er prix, Exeter ; 1er prix, Plymouth ; 1er prix, Dorchester ; 1er prix et coupe, Penzance ; 1er prix, Paris.

Fig. 9. — **Crystal**, Laverack-Setter, à M. Coulombel, d'après une photographie.

— 65 —

2° *Tempest II* (K. C. S. B. 15178), 3 ans,
blanc et noir. Éleveur, M. Doyle; par *Blue-
Boy* (K. C. S. B. 11364), hors de *Countess-
Kate* (K. C. S. B. 10178).

Il a obtenu 3° prix, Bruxelles 1885; 3° prix,
Anvers; 2° prix, Lille.

3° *Sting II* (K. C. S. B. 16080), né en juin
1883, blanc et noir. Éleveur, M. J. Platt; par
champion Sting (K. C. S. B. 12530), hors de
Fairy Sting II a gagné : 1er prix puppy class et
2° prix open class Maidstone; 1er prix, Tunn-
bridge-Wells; 2e prix Brighton.

4° *Crystal*, né en mars 1885, blanc et noir.
Éleveur, M. J. Armstrong; par *Diamond IV*
(K. C. S. B. 14132), hors de *Young-Kate*.

Il a remporté 3e prix, Rotterdam; 2e prix,
Bruxelles 1886.

5° *Roderick II* (K. C. S. B. 19617), blanc
moucheté d'orange. Éleveur, le prince de
Solms; par *Young-Roderick*, hors de *Bonnie-
Countess* (K. C. S. B. 15180).

A côté de ces étalons, nous ne trouvons
pas moins de *neuf* chiennes de grande valeur,
employées comme lices dans le chenil, ce
sont :

1° *Princess-Irène* (K. C. S. B. 9156), blanche
et noire. Éleveur, M. G. Lowe; par *Tam
O Shanter* (K. C. S. B. 6118), hors de *Rhoda*
(K. C. S. B. 1547).

Princess-Irène, a gagné 1er prix et prix d'honneur, Berlin; 1er prix, Magdebourg; 3e prix,

Spa ; 2° prix, Berlin : 2° prix, Anvers ; 1er prix,
Paris 1886.

2° *Beauty IV* (K. C. S. B. 19612), blanche
et noire. Éleveur, M. Armstrong ; par *Tam
O Shanter*, hors de *Duchess*.

3° *Countess Cora* (K. C. S. B. 19613), blanche
et noire. Éleveur M. Roussel : par *Rock III*
(D. H. S. B. 1159), hors de *Cora IV* (K. C.
S. B. 18103).

4° *Miss Quick* (K. C. S. B. 19617), blanche
et noire. Éleveur, M. P. Gautier; par *Télamon*
K. C. S. B. 11407, hors de *Kittiwake* (K. C.
S. B. 12558).

5° *Blue-Star* (K. C. S. B. 19618), blanche
et noire. Éleveur, le prince de Solms ; par
Young-Roderick, hors de *Bonnie-Countess*.

6° *Lilly*, blanche et noire. Éleveur, le propriétaire ; par *Tempest II*, hors de *Beauty IV*.

7° *Nellie of Kent*, blanche et orange. Éleveur,
M. Lock ; par *Wirhwinel*, hors de *Bing* (K. C.
S. B. 15829).

8° *Yellow* (K. C. S. B. 19616), blanche et
orange. Éleveur, le prince de Solms; par
Young-Roderick, hors de *Bonnie-Countess* (K.
C. S. B. 15180).

9° *Perfect II* (K. C. S. B. 19611), blanche et
noire. Éleveur, M. Tondreau-Loiseau : par
Prince-Mar K. C. S. B. 10154, hors de *Duchess*.

Tel est, pour les laveracks, la composition
de cet important chenil d'élevage; mais, bien

que nous ne devions nous occuper ici que des
setters, nous ne pouvons quitter Hesdin sans
présenter aux lecteurs le joyau des chiens de
M. Coulombel; c'est *Gunner*, un des plus beaux
et des meilleurs pointers du monde entier;
six premiers prix ou prix d'honneur d'expositions et quatre prix de field-trials sont là
comme preuve de mon affirmation.

Nous devons maintenant nous transporter
dans le centre de la France, en Sologne, cette
terre promise du chasseur, pour trouver des
chenils d'une certaine importance ; là, nous
rencontrons dans les départements du Loiret
et du Loir-et-Cher, trois éleveurs bien connus.

Je n'apprendrai à personne qui est M. Paul
Caillard, le sympathique écrivain qui a su
vulgariser en France les chiens d'arrêt anglais;
et nul d'entre nous n'a oublié ses succès aux
expositions. Bien qu'il se livre plus particuliè-
ment à l'élevage du gordon setter, il a cependant quelques laveracks et je dois citer particulièrement son étalon *Snowdrift* par *Champion
Rollick* (K. C. S. B. 1428) hors de *Queen* du
chenil de Lord Aberdeen. Ce chien a remporté:
1er prix, Greenock en 1882 ; 1er prix, Alloa et
1er prix, Ayr, en 1883 ; il m'a été dit le plus
grand bien de ses qualités de chasse par des
personnes qui avaient pu le voir au travail.

Tout à côté de chez M. Paul Caillard, dans
une dépendance de son domaine des Bordes,
à Bel-Air, vient de s'installer depuis fort peu
de temps un de nos amateurs les plus éclairés,
M. Paul Gautier qui habitait autrefois Langon.

dans le département de la Gironde. M. Gautier a su réunir une merveilleuse collection d'animaux d'élite, et, parmi les reproducteurs de diverses races composant son chenil, il n'en est pas un seul dont le mérite puisse être contesté à un point de vue quelconque.

Nous trouvons chez lui deux animaux *de sang laverack absolument pur*. Le chien est *Tesmon*, blanc moucheté de bleu, né le 28 février 1881, par *Tam O Shanter* hors de *Blue Bell II*; il a remporté 3° prix, Alexandra Palace (Laverack's class) en 1881; 1er prix, Edimburgh, exposition métropolitaine en 1882: 2° prix, Agen 1883; 1° prix médaille d'or, Bordeaux, 1884; rappel de 1° prix, Bordeaux, 1885: 2° prix, Angoulème, 1885; prix d'honneur *ex-æquo*, Agen, 1886, et 2° prix, Limoges, 1886. Il ressemble énormément au fameux *Old blue Dash*, à M. Laverack, et sa mère a été citée comme une des chiennes laveracks setters les plus parfaites de conformation et de type. La chienne n'est autre que la fameuse *Heather Bell* K. C. S. B. 12552, bien connue par ses succès aux expositions; elle a gagné entre autres : extra prize Sheffield 1882: 3° prix Crystal Palace 1882; 1er prix et coupe, York, 1883; 1er prix et coupe, Exmouth 1883; 3° prix, Bruxelles 1886; etc., etc : elle n'a pas moins de mérite comme chienne de chasse que comme chienne d'exposition, elle est remarquablement bonne et bien dressée.

A côté de ces deux reproducteurs, nous trouvons l'un des chiens les plus célèbres du monde

Fig. 10. — Champion **Royal IV**, Laverack setter à M. Gautier, d'après une photographie.

entier, *champion Royal IV*, qui fut le joyau du chenil de M. J. Shorthose. *Royal IV*, blanc moucheté de noir, est né en mars 1877, par *Rollick* (K. C. S. B. 1428) hors de *Flame* (K. C. S. B. 1290); c'est un excellent étalon, dont la descendance est remarquable, et, comme chien d'exposition, il est hors de pair; la liste des prix gagnés par lui est instructive, aucun autre setter ne peut revendiquer autant d'honneurs. Il a remporté :

1er prix, Edimburgh; 1er prix, Birmingham en 1878 ; 2e prix, Alexandra Palace ; 1er prix, Bristol en 1879; 1er prix, Newcastle on-Tyne; 2e prix, Darlington, en 1880; 1er prix, Bedlington; 2e prix, Alnwick; 1er prix, Beawish; 1er prix, Varrow-on-Tyne; 1er prix, Bishop Auckland, en 1881 ; 1er prix, Sunderland; 1er prix, Alexandra Palace (champion); 1er prix, Glasgow; 1er prix et coupe comme père du meilleur lot de chiens d'arrêt, Sheffield; 1er prix, Stockton-on-Tees ; 1er prix, Bishop Auckland, en 1882; 1er prix, Crystal Palace; 1er prix (champion class), Sheffield; 1er prix et coupe, Sunderland; 1er prix et coupe des champions York; 1er prix et coupe. Newcastle-on-Tyne; 1er prix, Darlington; 1er prix et coupe, Edimburgh en 1883; 1er prix et prix spécial, Edimburgh en 1884; 1er prix et prix spécial, Sheffield en 1885; prix d'honneur et 1er prix, Limoges en 1886.

Telle est la liste des succès ininterrompus de cet admirable chien; nous devons seulement regretter qu'il ait été importé en France à un âge relativement avancé, ce qui est une grande perte pour notre [illegible].

Les chiens de M. [illegible] pour [illegible]
[illegible] K[illegible] [illegible]
leur [illegible] de *Bang* [illegible] [illegible] quatre
[illegible] remporté [illegible] Sheffield
[Puppy] class 1883, [illegible] [illegible] Sheffield
1883; et deuxième [prix] [illegible] [Birmingham] 1885.
Viennent ensuite : K[illegible] [illegible] [illegible]
et *S[illegible] Bradha* (K[illegible] [illegible] cette dernière, revenant de [illegible] [illegible] Llewellin.
Ces [deux] chiennes, qui [illegible] ont [illegible] été expo-
sées, ont remporté, à [illegible] [illegible] d'Anvers 1886,
le prix d'honneur en partage avec *[illegible] et
Royal IV*.

Enfin, nous trouvons encore chez M. Gautier
une jeune lice blanche et orange [illegible], tandis
que tous les autres sont [illegible] [illegible] son bleu
belton, c'est *Hartford[illegible]* [illegible] (K.
[S.] B. [illegible]), petite [illegible] [illegible]
[illegible] en propriété [illegible] [illegible]
[illegible] son type et [illegible] [illegible] cette
chienne est [illegible] [illegible] elle a
remporté : Premier [illegible] [illegible] premier prix
Sheffield; deuxième [illegible] [illegible] Tout
premier prix, Bishop [illegible] [illegible] un joli
début pour une chienne âgée de deux ans à
peine.

Je dois citer encore [illegible] petits chiens de
M. Gautier, et bien [illegible] [illegible] [illegible] [illegible]
de cette meute, le merveilleux couple de Pointers
composé de *champion [illegible]* (K. C. S. B.
13694), un chien dont [illegible] qualités de chasse
sont au moins égales à sa réputation comme

bête d'exposition, et de *Derna Fan* K. C. S. B.
14836 qui a gagné douze prix dans les concours
et est également très bonne en chasse. On me
pardonnera cette digression, qui n'a d'autre but
que de bien montrer quels excellents reproducteurs nous pouvons trouver sans être obligés
d'aller au delà des frontières.

Nous rencontrons dans la même région que
les Bordes et que Belair, où se trouvent les chenils de M. P. Gaillard et de M. Gautier, la Ba-
linerie, où MM. Villard et Stévenart se sont
installés. Ces messieurs n'ont pas, comme tous
les amateurs que nous avons cités jusqu'à présent, importé des animaux d'élite acquis à
grand renfort de livres sterling : ils ont pris
une voie toute autre : ils ont élevé eux-mêmes.
Cette méthode est bien chanceuse et nous avons
vu combien il est difficile et rare d'obtenir des
chiens de tout premier ordre : quoiqu'il en soit,
le succès a couronné les efforts de MM. Villard
et Stévenard : ils ont eu le bonheur de produire,
pour leur début, cette ravissante chienne que
nous avons tous admirée l'année dernière à
l'exposition de Paris ; j'ai nommé *Rita* qui a
cumulé le prix d'honneur des chiennes Setters,
la coupe de Spratt pour le plus beau chien d'arrêt anglais femelle de l'exposition, et le prix
anonyme pour le plus beau Setter de sang Laverack né et élevé en France.

A côté de *Rita*, nous trouvons son père, *Step*
premier prix des Setters et prix d'honneur au
plus beau chien d'arrêt (mâle) des races an-
glaises à Paris 1885, — rappel de premier prix

Paris 1886. Ces deux chiens, les piliers du chenil de la Dabinerie, sont nés le 7 mars 1884, par *Prince Max* K. C. S. B. 10154 hors *Nellie* (L. O. S. II. 419).

Les autres chiens du chenil sont : *Nellie* que nous venons de citer: *Dick*, *Friska* et *Daphnée*, tous frères et sœur de *Stop* et *Rita*, mais d'une autre portée, étant nés le 1er décembre 1885.

Il y a encore à la Dabinerie un certain nombre de très jeunes chiens dont on ne peut absolument rien dire jusqu'à présent.

L'Ouest et le Midi de la France sont assez pauvres en chiens; sans doute on y rencontre des amateurs possédant quelques animaux de grandes races, mais ce ne sont plus ces chenils importants qu'il nous a été donné d'admirer dans le Nord et dans le Centre. Je dois cependant faire une exception pour le très aimable M. Grassal, ancien garde général des forêts à Mamers, l'auteur de cette charmante nouvelle qui s'appelle les *Harmonières*. Les chiens de son chenil sont au nombre de cinq; trois étalons : *Cador* par *Mentor* hors de *Perle*, appartenant tous deux au Jardin d'Acclimatation de Paris ; *Prince Fred* par *Prince Max* K. C. S. B. 10.154, hors de *Myrtle Bloom* (K. C. S. B. 11,445); *Barde*, né au chenil, par *Prince Fred*, hors de *Magie* ; et deux lices : *Magie* par *Blue-Boy* (K. C. S. B. 11,364) hors de *Viscountess* (K. C. S. B. 17,104) ; et *Grace* par *Warwick* K. C. S. B. 11.410 hors de *Grace* (K. C. S. B. 9135).

Tous sont blue belton.

Prince Fred, appartenant à M. Grassal, d'après une photographie.

M. Grassal a des chiens pour chasser. et ne
recherche pas les succès d'expositions, aussi,
qu'il me permette de le lui dire, ses animaux
ne sont-ils pas connus comme ils mériteraient
de l'être.

Deux d'entre eux cependant ont figuré
sur les bancs, on pourrait presque dire que
c'est par hasard, ce sont : *Cador*, médaille de
bronze à Nantes en 1885, et *Grace*, 2ᵉ prix,
Bristol 1885.

Telle est à peu près la physionomie de l'élevage du Laverack en France, au moins dans
les grands chenils, parmi lesquels je ne dois
pas omettre celui de M. de Champs. à Cosne
(Nièvre), qui, paraît-il, renferme quelques
animaux d'une réelle valeur.

A côté de ces centres d'élevage, nous rencontrons un assez grand nombre de personnes
possédant un ou deux chiens, et les employant
à la reproduction, en dehors de la saison de
chasse.

Il nous est impossible, on le conçoit, de donner la liste, même fort incomplète, de ces
amateurs disséminés un peu partout, mais
principalement répandus dans le nord de la
France, dans la Champagne et dans la Sologne,
en un mot, dans les pays classiques de la chasse
au chien d'arrêt ; nous ne pouvons cependant
passer sous silence *Rapp III*, deux fois prix
d'honneur à Paris. appartenant à M. Lebeau.
de Boulogne sur-Mer, *Rapp III* a été vivement
critiqué comme chien d'exposition, on le trou-
vait trop grand et trop fort ; quelle que soit

l'opinion qu'on puisse avoir sur son compte, il n'est pas moins certain que sa force même lui donne des ressources précieuses comme étalon; c'est en outre un merveilleux chien de chasse.

Nous avons donné à grands traits la physionomie de l'élevage du laverack setter en France ; passons maintenant la frontière pour jeter rapidement un coup d'œil sur quelques chenils étrangers.

A tout seigneur, tout honneur ; commençons par l'Angleterre, la région classique du sport et de l'élevage ; nous nous occupons d'un chien anglais, voyons-le dans son pays même.

La plus grande autorité en matière de setters est incontestablement M. W. Lort, le doyen des juges anglais aux expositions canines. M. Lort possède une race de setteis indifféremment b'ancs et noirs, ou blancs et oranges, qui paraissent être à peu près de même origine que les laveracks. Gentleman dans la plus parfaite acception du mot, il n'a jamais voulu exposer ses chiens à cause de sa situation de juge dans les concours, aussi, cette excellente race est-elle rare et peu connue, mais, au dire même de M. Laverack, il n'en est pas de meilleure.

Le plus grand éleveur d'Angleterre est M. Purcell Llewellin, à qui M. Laverack a dédié son livre sur le setter ; nous lui devons une variété spéciale, qu'il a qualifiée de chiens de field-trials par excellence et qui est généralement connue sous le nom de Llewellin's setter. Cette race est extrêmement recherchée, surtout en Amérique; de nombreux succès sur les bancs et aux field-trials, l'ont mise au premier rang, et *Count Windhem*, l'un des étalons de ce chenil célèbre peut être compté pour l'un des plus beaux et des meilleurs chiens du monde entier.

Le Llewellin's setter est plus léger que le lavcrack pur dont il tire son origine, car il provient d'un croisement de chiennes laveracks pures avec un étalon du chenil de M. Armstrong. Il a été vivement attaqué depuis quelque temps; de fait, la dernière campagne semble lui avoir été moins favorable que les précédentes ; néanmoins le chenil du célèbre éleveur conserve toujours le premier rang. Sur le continent, et principalement en France, le Llewellin's setter, comme tous les setters croisés, ayant beaucoup de sang lavcrack, est englobé dans la dénomination générale de Laverack's setter ; c'est d'ailleurs un point sur lequel nous aurons à revenir dans quelques instants.

A côté de M. Purcell-Llewellin se place M. Shortose, de Newcastle-on-Tyne; *Royal IV*, aujourd'hui propriété de M. Gautier, *champion Novel*, *Royally Novelette*, *Novelty*, et tant d'autres ont porté au plus haut point la renommée de ce chenil; M. Garland possède en *Young Rock III* et *Osmon IV* deux remarquables descendants de *Royal IV*.

M. J. Rumford Robinson de Sunderland a continué le chenil de M. Laverack ; il a élevé. entre autres chiens célèbres, *Emperor Fred*, aujourd'hui en Amérique ; *Empress Meg* et *Empress Symbol* que nous retrouverons tout à l'heure en Belgique chez le baron de Rosen. et dont nous donnons les portraits en tête de cet ouvrage.

Les MM. G. et F. Lowe ont également élevé un certain nombre de chiens présentant de grandes qualités ; la plupart des setters de leurs chenils proviennent du célèbre *Tam O Shanter*. qui était la propriété de M. G. Lowe.

Nous devons encore citer parmi les principaux éleveurs et amateurs d'Outre-Manche, M. Cunningham, le propriétaire de *champion Sir Alister* et de *Blue Maud* ; M. Armstrong, M. Doyle ; M. Shirley, le président du Kennel Club ; M. E. Bishop, qui a possédé en *Blue Boy*, un des meilleurs étalons laveracks ; M. Salter ; le major Platt, mort tout récemment, et dont le chenil, dispersé aujourd'hui au feu des enchères. renfermait le célèbre *champion Sting*, réputé le plus beau setter existant actuellement, qui est devenu la propriété du captain Moreton Thomas ; M. Cockerton ; M. Foster ; et tant d'autres.

Cette liste est forcément très incomplète, et une simple nomenclature de toutes les personnes qui, en Angleterre, élèvent avec succès des chiens de race, outre qu'elle serait presque impossible à faire, sortirait des limites de cette étude ; nous devons cependant attirer l'attention de nos lecteurs sur le nom de M. G. Potter, un éleveur de grand talent à qui est échue cette rare et bonne fortune d'obtenir en une même portée, — par *champion Sir Alister*, hors de *Mena* fille de *champion Rock*, — trois chiens de tout premier ordre : *Count Howard*, *Sir Gilbert* et *Carlisle*; ces deux derniers sont actuellement en France ; nous avons en effet rencontré *Sir Gilbert* dans le chenil de M. P. Mulard, et *Carlisle* vient d'être acquis par M. Grassal.

Si, maintenant, quittant l'Angleterre, nous revenons sur le continent, nous devons nous arrêter en Belgique où, grâce à l'habile impulsion donnée par la Société Saint-Hubert, l'élevage du chien de race, principalement celui du pointer et du laverack setter, a pris depuis quelques années un développement extraordinaire. Les amateurs passionnés, les fins connaisseurs qui sont à la tête de la société Saint-Hubert, ont su créer chez eux une exposition annuelle qui tient le premier rang parmi les expositions continentales; ils ont su importer et acclimater chez eux les field-trials.

Les grands chenils sont rares en Belgique ; à parler franc, je ne vois guère que celui du baron A. de Rosen, à Tongres, où l'on s'occupe spécialement du laverack setter ; là, nous rencontrons *King Ned*, le célèbre vainqueur du Palais de Cristal, un des meilleurs fils de *champion Emperor Fred* ; excellent reproducteur, il est le père de la chienne *Princess Ida*, 1er prix aux field-trials de Schrewsbury en 1885 ; *Robin Hood* à la fois vainqueur d'expositions et de field-trials ; *Empress Meg* et *Empress Symbol*, les deux chiennes bien connues et dont l'éloge n'est plus à faire. *King Ned, Empress Meg* et *Empress Symbol* sont trois purs laveracks et représentent le type parfait de cette excellente race.

Si nous ne trouvons pas chez nos voisins beaucoup de grands chenils, en revanche, les amateurs, possédant des chiens de valeur, sachant les apprécier ET SACHANT LES MENER, sont loin d'être rares ; il me suffira de citer, au courant de la plume, le comte de Beaufort, les Dorlodot, les Van-Havre, les Dodémont, pour justifier complètement ce que j'avance. Sous le patronage de ces hommes compétents entre tous, le dressage du chien de race a pris en Belgique une importance que nous serions heureux de lui voir prendre chez nous ; c'est en Belgique que nous trouvons Henri Lurkin, de Vervoz, le grand vainqueur des field-trials belges et allemands, qui vient cette année même de battre les Anglais sur leur propre terrain à Schrewsbury ; c'est encore un belge, le garde Delincey, qui est à la tête du chenil des Granges appartenant à M. Dodémont, de Huy. Quand donc nous sera-t-il donné de pouvoir citer des noms de dresseurs français que nous puissions opposer à ces dresseurs étrangers ! Somme toute (qu'on nous pardonne cette digression), que faudrait-il pour que nous ayons en France de véritables dresseurs, capables de former et

de mener des chiens? Il faudrait des field-
trials ; quand nos gardes auraient vu à l'œuvre
les dresseurs étrangers, quand il se seraient
rendu compte des résultats obtenus et des méthodes employées, est-ce à-dire que nous reste-
rions ainsi dans le degré d'infériorité où nous
sommes? l'amour-propre national se piquerait
au jeu, et je ne vois trop pourquoi nous ne
saurions arriver aux mêmes résultats. Grâce à
Dieu, nous avons encore en France des hommes
possédant l'amour de la chasse, et ce que je me
permettrai d'appeler le sens du chien. Qu'une
société puissante, — par exemple, la Société
centrale pour l'amélioration des races canines
— se mette à la tête du mouvement, et l'on
verra se révéler toutes les bonnes volontés ; au
début, on fera des écoles, mais peu à peu, l'expérience viendra ; en matière d'élevage, nous
sommes arrivés à battre les Anglais eux-
mêmes, pourquoi n'en serait-il pas de même
en fait de dressage?

Nous voici loin de notre sujet, revenons à
l'examen des principaux chenils de l'étranger ;
aussi bien, allons-nous quitter la Belgique et
pénétrer en Allemagne, mais en passant par le
Luxembourg où nous trouvons dans M. Ri-
chard, notaire à Arlon, un amateur distingué
dont le chenil renferme la fameuse chienne
Setter *Rose*, l'héroïne des field-trials, qui a gagné les prix suivants :

1ᵉʳ Prix Setter Puppy, Schrewsbury 1884 ;
2ᵉ prix champion Stake, Schrewsbury 1884 ; —
2ᵉ prix, Othée 1884 ; — M. T. H. Cologne 1886 ; —

2ᵉ prix, field-trial, Schrewsbury 1886; — 1ᵉʳ prix field-trial du Kennel Club 1886.

Nous trouvons en Allemagne le plus grand chenil du continent, peut-être même le plus important du monde entier, celui de S. A. S. le prince A. de Solms.

Situé à Braunfels, sur le Lahn, à proximité de la France et de la Belgique, le chenil de Wolfs-mühle jouit d'une réputation universelle. Les setters et les pointers y sont particulièrement bien représentés, et le Prince, grand amateur de laveracks, en possède une collection telle qu'on en chercherait vainement ailleurs une semblable.

Le joyau du chenil est le célèbre *Tam of Braunfels*, fils de *Tam O Shanter* et de *Daisy*, une fille de *Blue Prince*. Ses succès de field-trials sont à la hauteur de ses succès d'expositions et sa carrière est une suite ininterrompue de triomphes. Il a successivement remporté : 4ᵉ prix, field-trial de Shrewbury, en 1882; 2ᵉ prix, exposition de Spa, 1882; 1ᵉʳ prix, field-trial de Berlin; 1ᵉʳ prix, field-trial de Cologne; prix d'honneur, exposition de Berlin; deux prix d'honneur et un 1ᵉʳ prix, exposition d'Ostende en 1883; 2ᵉ prix, field-trial de Berlin; 1ᵉʳ prix, Anvers; 1ᵉʳ prix, Amsterdam, en 1884; 1ᵉʳ prix, Bruxelles, en 1885; 1ᵉʳ prix et prix d'honneur, Bruxelles; 1ᵉʳ prix et prix d'honneur, Rotterdam, en 1886.

A côté de *Tam*, se trouve *Roderick of Braunfels* qui, au point de vue de la reproduction, peut être placé sur le même rang que son compagnon de chenil : c'est en effet un étalon très remarquable. *Roderick* n'a jamais, que je sache du moins, paru dans une exposition, mais c'est un chien de field-trials de tout premier ordre : il a gagné le 1er prix, coupe du prince Alexandre de Hesse, et, dans une autre épreuve, le 2e prix aux field-trials de Darmstadt, en 1882; à ce même concours, il remportait le prix d'honneur du Kennel-Club fieldtrial. Ses autres victoires sont : 3e prix, fieldtrial de Cologne, en 1883; 1er prix et 2e prix du concours des vainqueurs au field-trial de Berlin, en 1884; enfin le 2e prix à ce même field-trial en 1885.

Roderick of Braunfels est par *Jeune* hors *Juno;* il a été élevé par M. Southam.

Le chenil de Wolfsmühle vient de s'augmenter tout récemment d'un troisième étalon :

Dash of Braunfels, pur Laverack, blue belton, par *Tam O Shanter*, hors de *Gypsy Girl.*

A côté de ces trois étalons, nous trouvons des chiennes qui ne leur cèdent en rien au point de vue de la qualité; ce sont :

1° *Countess of Kent*, blanche et noire; — éleveur, M. Salter, — par *Tam O Shanter*, hors de *Countess*; 1er prix, Amsterdam, 1884, M. H. Bruxelles, 1885; 3e prix, Clèves, 1881.

2° *Bonnie Countess*, blanche et brune; — eleveur, M. Doyle; — par *Clève* (K. C. S. B. 11368), hors de *Countess Kate*. M. H. Anvers, 1884; M. H. Bruxelles, 1885.

3° *Lady Catherine*, blue belton; — éleveur,

Téte de **Tam of Braunfels,** d'après une photographie communiquée par S. A. S. le prince de Solms.

M. Armstrong; — par *Tam O Shanter*, hors de *Young Kate*.

4° *Countess Prim*, blue belton ; — éleveur, M. Purcell Llewellin; — par *Count Windhem* hors de *champion Princess*. 1ᵉʳ prix Crystal Palace (puppy class) 1882. 2ᵉ prix Spa, 1882. 2ᵉ prix Bruxelles 1885.

5° *Biddy*, blanche et brune; — éleveur M. Armstrong; — par *Tam O Shanter* hors de *Old Kate* ;

6° *Milton Rachel*, blanche et noire ; — éleveur M. Thorpe Bartram ; — par *John O' Groat* hors de *Poll*, provenant tous deux de chez M. Purcell Llewellin ;

7° *Miss Kate*, blue belton ; — éleveur M. Mason, — par *Blue Boy* hors de *Viscountess* ;

8° *Viscountess*, blue belton, par *King Ned* hors de *Old Kate*, 2ᵉ prix Rotterdam 1886 ;

9° *Dinie of Braunfels*, blanche et noire, marquée de feu à la tête, par *champion Sir Alister* hors de *Beatrice Princess* ;

10° *Countess*, blanche et brune, par *Johnny* hors *la Reine*.

Telle est, en ce qui concerne le laverack setter, la physionomie générale de ce chenil sans égal ; son propriétaire, un véritable sportsman, veut avoir des chiens, non seulement pour figurer sur les bancs d'une exposition, mais aussi pour lutter sur le terrain. Chaque année on élève à Wolfsmühle un certain nombre de jeunes chiens que l'on dresse avec le plus grand soin pour les field-trials du printemps ; ainsi, à l'heure actuelle, on conserve au chenil un chien et une chienne blancs et oranges, de huit mois, par *Tam of Braunfels*, hors de *Elfreda*; une chienne blanche et orange, de sept mois et demi, par *Roderick of Braunfels* hors de *Countess Prim* et une chienne blue belton, de quatre mois et demi, par *Tam of Braunfels* hors de *Bonnie Countess*.

Il existe encore en Allemagne quelques autres chenils de peu d'importance sur lesquels nous pensons inutile d'appeler l'attention. nous ne pouvons cependant résister au désir de citer celui de M. Marais, un français établi depuis de longues années à Hanovre, dont on ne saurait assez louer l'extrême amabilité ainsi que la parfaite honnêteté dans les transactions.

Nous avons terminé la revue sommaire des principaux chenils de France et de l'étranger ; on a pu voir que nous possédons chez nous des chiens qui ne le cèdent en rien à ceux de nos voisins, et, grâce aux efforts éclairés de quelques amateurs sérieux, doublés de véritables connaisseurs, nous n'avons plus besoin de passer la frontière pour trouver des reproducteurs d'élite.

Le Laverack Setter, comme tous les animaux
de grande race, reproduit généralement très
bien, et ces chiens, quelles que soient les par-
ticularités qui les différencient entre eux, n'en
ont pas moins un air de famille qui les fait
reconnaître au premier abord. Leur principale
qualité extérieure est une grande distinction ;
on sent que l'on se trouve en présence de chiens
d'amateurs et non pas de chiens des rues ; on a
dit du Laverack Setter qu'il représentait l'aris-
tocratie de la race canine ; l'éloge semblera
peut-être un peu exclusif à certaines personnes,
mais, pour ma part, je n'y contredirai pas.

Au point de vue de la chasse, le Laverack
est très généralement considéré comme le
meilleur de tous les Setters, d'ailleurs, depuis
quelques années, il a presque toujours partagé
avec le Pointer les honneurs des field-trials, et
a souvent remporté la palme sur son concur-
rent à poil ras.

Les qualités extérieures et les qualités de
chasse se trouvent plus particulièrement développées et se reproduisent plus sûrement dans
quelques familles ; rechercher quels sont ces
reproducteurs émérites, quelles sont les condi-

tions les plus favorables pour faire naître et mener à bien nos élèves, tel est le but de cette dernière partie de notre étude.

Au début de ce chapitre, je dois au lecteur une observation préliminaire : lorsque j'emploie l'expression Laverack Setter, je la prends dans le sens usuel ; par là, j'entends, comme on le fait généralement dans le monde des éleveurs, tout animal chez qui *domine* le sang Laverack ; quant au chien qui est resté absolument indemme de tout croisement, je prends soin de l'appeler un *pur* Laverack. Ceci dit pour n'y point revenir, entrons dans le vif de notre sujet.

Tout Laverack pur descend uniquement de *Old Moll* et de *Ponto*. Or, parmi cette nombreuse progéniture, une ligne se détache très nettement : celle de *Old blue Dash*, dans laquelle nous trouvons les principaux étalons qui ont porté au plus haut point la renommée du Laverack Setter pur ou croisé : il suffit de citer l'invincible *champion Rock, Tam O Shanter, Sir Alister, Blue Prince, Emperor Fred*, etc., etc.

La ligne *Old blue Dash* se divise naturellement en plusieurs familles ; nous en distinguerons tout particulièrement deux : celle de *champion Rock* et celle de *Blue Prince* La première compte certainement à l'heure actuelle le plus de succès ; *Tam O Shanter*, fils de *champion Rock*, s'est fait connaître par *Robbie Burns, Tam of Braunfels, Young blu Prince, Prince Max. Blue Maud, Countess Kate, Telamon*, etc. *Sir Alister*, un fils de *Tam O Shan-*

Fig. 13. — Champion **Rock**, Laverack Setter, à M. Charley, président du Kennel Club, d'après une photographie.

ter, semble avoir hérité de toutes les qualités de son père sans avoir pris un seul de ses défauts ; c'est l'étalon à la mode et, de fait, c'est lui qui paraît actuellement compter le plus de succès aux expositions. Les descendants de *champion Rock* semblent présenter comme caractère particulier de se reproduire parfaitement dans la consanguinité ; pour ne citer qu'un exemple et le prendre au milieu de nous, *Lord Tom* et *Sir Gilbert*, à M. P. Mulard, descendent de *Sir Alister* avec des filles de *champion Rock*.

La famille de *Blue-Prince* compte aussi bon nombre de chiens illustres parmi lesquels nous trouvons au premier rang : *Emperor Fred*, son fils *champion Sting*, *Blue Boy*, *champion Dash II*, etc. Les descendants d'*Emperor Fred* se sont particulièrement distingués depuis quelques années : son fils, *champion Sting*, qui passe pour le plus beau setter existant actuellement, a sa grande part de ces succès. *Empress Meg* et *King Ned* ont également contribué dans une large mesure à la renommée d'*Emperor Fred* comme reproducteur.

Les descendants de *Blue Prince* semblent, en général, être d'une construction plus compacte que les descendants de *champion Rock*; par contre, ceux-ci ont plus d'élégance ; les uns sont peut-être plus chiens de service, les autres plus chiens d'expositions ; et, à tout prendre, je crois bien que les premiers comptent plus de succès en campagne, alors que les derniers se sont particulièrement distingués sur les bancs ; ce n'est là d'ailleurs qu'une opinion timidement formulée, car, si l'on parvenait à dresser le compte, la balance serait peut-être bien difficile à établir.

L'idéal, on le conçoit sans peine, est de chercher, lors de l'accouplement, des reproducteurs réunissant parmi leurs ascendants le plus possible de chiens illustres ; on doit pour cela étudier attentivement les pedigrees des divers étalons, les comparer au pedigree de la chienne et voir ce qu'il faut choisir, afin de ne pas avoir trop de consanguinité et de combiner les sangs les plus illustres.

On s'imagine trop souvent qu'il suffit de faire saillir une belle et bonne lice par un bel et bon étalon pour avoir des produits irréprochables, il faut étudier les reproducteurs et peut-être encore plus leurs ascendants, car il est indispensable de compter avec l'atavisme. En général, on doit éviter autant que possible la consanguinité, afin de ne pas avoir des jeunes maladifs et difficiles à élever, cependant, il ne faut pas la condamner complètement : le croisement en dedans, l'*in and in*, est même une excellente chose lorsqu'après une suite de générations *en dehors* il est utile de bien rappeler et de bien fixer tel ou tel caractère distinctif de la race.

C'est précisément dans ce but que l'on doit à tout prix conserver des lavoracks purs, sans quoi, il est certain que le lavorack croisé, ayant 1/4 à 1/16 de sang étranger, est plus facile à élever et présente généralement plus de qua-

lités en campagne et sur les bancs ; depuis
quelques années, l'immense majorité des prix
de field-trials et d'expositions ont été remportés
par des laveracks croisés.

A côté de cette question fondamentale du pedigree, il en est d'autres qui doivent attirer
particulièrement l'attention de l'éleveur : je
placerai en première ligne la parfaite santé,
ainsi que les qualités de chasse des reproducteurs. Ceci présente une grande importance,
car trop souvent on offre la saillie de chiens
tarés, usés par la maladie, étiolés par leur sé-
jour au chenil, vainqueurs d'expositions, c'est
possible, mais parfaitement incapables de faire
un arrêt dans les champs et qui transmettent
leur propre non-valeur à leur progéniture.

C'est précisément pour mettre l'éleveur en
garde contre certains industriels et pour lui
permettre de choisir en parfaite connaissance
de cause, que nous avons essayé de passer en
revue les principaux chenils. L'amateur peut,
sans sortir de France, trouver des étalons de
tout premier ordre, tels que *Sir Gilbert*, *Lord
Tom*, *Crystal*, *Royal Prince*, *Tempest II*, *Rapp III*,
Snowdrift, *Carlisle*, *Telamon* et le fameux
Royal IV qui est malheureusement à la fin de sa
carrière.

On doit chercher, autant que possible, à cor-
riger les défauts de chacun des reproducteurs :
la chienne est-elle petite et lourde ? il lui faut
un étalon assez grand ; est-elle au contraire
mince, haute sur pattes ? vite prenez un étalon
bien doublé, très près de terre. Puisque nous

en sommes à ce point, j'avouerai que, pour
moi, un étalon n'est jamais trop fort ; j'aime à
lui voir de la taille, une poitrine énorme, un
rein gros et court ; il manquera peut-être un
peu d'élégance, mais il suffit d'avoir élevé pour
savoir combien il est difficile d'obtenir des sujets d'une construction résistante, présentant
la vigueur nécessaire pour supporter les fatigues du travail en campagne. Dans les races
très affinées, comme celle qui nous occupe, il
est difficile d'éviter la dégénérescence par suite
de l'extrême consanguinité que l'on rencontre
presque toujours ; il est donc essentiel de réa-
gir ; on a des sujets moins flatteurs à l'œil, c'est
possible, mais au moins on a des chiens de
travail, et non pas des chiens de parade.

Un éleveur anglais très compétent, M. Robinson, prétend que M. Laverack, pour amener sa
race au plus haut degré de perfection, sans
pourtant recourir à des croisements, choisissait
pour les faire reproduire entr'eux un blanc et
orange, et un blanc et noir ; que, par suite de ce
mélange, il obtenait des élèves plus vigoureux
que s'ils provenaient de parents tous deux
blanc et noir, ou tous deux blanc et orange ;
enfin, dit M. Robinson, si, malgré cette pré-
caution, les produits tendaient à dégénérer, il
les croisait avec un laverack blanc et foie,
cette couleur étant un rappel de la race des
chiens d'Edmond Castle. Peut-être l'illustre
éleveur a-t-il agi de la sorte dans certaines circonstances, mais les pedigrees de Dash et de
Fred, donnés par lui dans son livre *The Setter*,

ne permettent pas de se faire une opinion bien nette sur ce point.

Il est incontestable que les laveracks blanc et noir et les laveracks blanc et orange ont été croisés entre eux maintes et maintes fois ; aussi ne peut-on pas être sûr de faire naître des jeunes de la couleur que l'on désire ; deux reproducteurs blue belton donneront des chiots blanc et orange, et réciproquement. La couleur est donc un point secondaire pour le choix d'un étalon, et le véritable amateur n'y attache qu'une importance très relative, réservant toute son attention sur les qualités extérieures et les qualités de chasse.

Après d'inévitables hésitations, le propriétaire de la chienne a fixé son choix : la bête, de grande et noble race, a été donnée à un chien digne d'elle ; la saillie a eu lieu vers la fin de la folie, vers le quinzième jour, deux fois. à quarante-huit heures d'intervalle ; la chienne a retenu, et, du soixantième au soixante-troisième jour, elle met bas.

Les petits sont nés ; il n'entre certes pas dans notre idée de faire ici un cours d'élevage ; néanmoins, que le lecteur nous permette de lui rappeler ici quelques règles fondamentales qu'on oublie trop souvent. Autant que possible on ne doit pas élever en hiver, le froid étant un grand ennemi des jeunes chiens : j'en parle par expérience, ayant eu, sur une portée de neuf laveracks, quatre chiots morts d'un refroidissement à la fin de janvier. La période la plus favorable est celle comprise entre le 15 mars et le commencement de juillet. Après cette date, il ne faut plus élever ; outre que le sevrage coïncide avec l'ouverture de la chasse et que la mère, fatiguée par ses jeunes, ne peut pas rendre de grands services en campagne, les chiots ont, au commencement de l'hiver, quatre ou cinq mois, c'est-à-dire atteignent l'âge de la transformation qui coïncide avec la seconde dentition, c'est à ce moment qu'ils sont le plus exposés à la maladie des jeunes chiens.

Il peut donc arriver, dans certaines circonstances, que l'élevage d'hiver soit une nécessité, ou y trouve un grand avantage au point de vue de certains fields-trials pour jeunes chiens *nés depuis le 1ᵉʳ janvier* de l'année précédente ; il importe donc de faire naître à une époque aussi rapprochée que possible du 1ᵉʳ janvier ; en effet, quelques mois de plus ou de moins peuvent être la cause de notables différences dans les qualités respectives des jeunes concurrents de field-trials. Le chiot né en janvier ou février peut, le plus souvent, faire ses débuts en septembre, à l'ouverture ; en tous cas, il sera dans les meilleures conditions possibles pour être dressé en février sur les perdreaux appareillés.

Ce que nous venons de dire pour les field-trials peut s'appliquer, à un degré moindre il est vrai, aux expositions dans lesquelles existe une *puppy class*.

Il y a, on le voit, du pour et du contre dans l'élevage d'hiver ; d'une part, la période du

Fig. 14 — **Sarah,** chienne Laverack setter, à M. H. Dequin, d'après une photographie.

premier âge est plus difficile à franchir, d'autre
part, la période de la seconde dentition arrive
avec la belle saison et les jeunes chiens sont
moins sujets à la maladie.

Quelle que soit l'époque de la naissance, on
doit ménager à la mère et à sa progéniture un
logement sec et chaud ; l'humidité est le pire
fléau des chenils ; le froid est beaucoup moins
dangereux ; la meilleure installation est une
stalle ou mieux un box dans une écurie ou
dans une étable ; la chaleur naturelle dégagée
par les bêtes est bien préférable à la chaleur
artificielle d'un poêle ou d'un calorifère.

Avec des soins assidus on arrive à élever
en hiver, sans trop d'encombre, mais les jeunes
ne se développeront franchement qu'au retour
de la belle saison.

Les vers intestinaux sont un des gros ennuis
de l'élevage ; ils tourmentent beaucoup les
jeunes chiens et souvent occasionnent la mort.
Un moyen très simple de s'en débarrasser,
moyen qui m'a toujours réussi, consiste à donner aux chiens de l'huile de foie de morue ; ce
médicament, absolument inoffensif, a en outre
l'immense avantage de contribuer, dans une
très large mesure, au développement de l'animal,
et de combattre très efficacement le rachitisme,
l'un des écueils des races basées sur une consanguinité exagérée ; c'est enfin un puissant
préservatif contre la maladie

Si le jeune chien semble peu vigoureux, une
excellente nourriture consiste dans des œufs
crus ; essayez-en, vous verrez que votre élève

ne se fera nullement prier pour les avaler, et vous serez étonné des résultats merveilleux de cette alimentation qu'on ne saurait trop recommander dans la maladie alors que l'animal est d'une extrême faiblesse. On peut donner tout l'œuf, coquille comprise; j'y trouve même un avantage, car la chaux qui forme la coquille est un des éléments constitutif du squelette et c'est aussi dans ce but qu'on mélange parfois à la soupe du phosphate de chaux, la poudre d'os des pharmaciens. Lorsqu'on donne des œufs aux jeunes chiens, il est prudent de les casser dans un plat et de briser la coquille, sans quoi vos élèves apprendraient très vite à recueillir pour leur usage personnel tous les œufs qu'ils rencontreraient.

De la viande, en quantité modérée, est aussi très recommandable, mais il ne faut pas oublier que le lait doit toujours constituer la base de la nourriture pendant la première année: sauf à l'éleveur soigneux, à étudier ses élèves et à traiter chacun d'eux suivant son tempérament particulier.

VIII

Nous sommes arrivés au terme de cette
étude ; lorsque je l'ai commencée, j'étais loin
de penser qu'elle prendrait de si longs déve-
loppements ; je me suis laissé entraîner par
mon sujet, et aussi, je dois bien le dire, par les
encouragements et les renseignements précieux
que les personnes les plus compétentes ont
bien voulu me donner ; qu'elles reçoivent pu-
bliquement ici mes remerciments les plus
sincères.

Je me suis efforcé d'être vrai, de parler sans
arrière-pensée ; certes, j'ai dû commettre des
erreurs et des omissions ; elles sont absolument involontaires, et j'ai la conscience de
pouvoir dire avec un de nos plus anciens au-
teurs :

— « Cecy est un livre de bonne foy. »

Je dirai donc très franchement qu'à mon
sens, le Laverack, ainsi d'ailleurs que les chiens
anglais de grande race, produira en France un
certain nombre de sujets *détestables* ; c'est un
peu afin de mettre l'amateur en garde contre la
facheuse impression que pourrait produire sur

lui ces tristes exemplaires que j'ai entrepris cette étude.

Il peut sembler extraordinaire qu'après avoir chanté les louanges du Laverack je vienne déclarer qu'on en trouvera d'exécrables ; cela pourtant s'explique aisément.

Le Laverack, le Pointer, le Red irish Setter, les chiens anglais en général, ont besoin d'ÊTRE MENÉS ; en de bonnes mains, leurs qualités se développent au plus haut degré, et en font les plus merveilleux auxiliaires qu'un chasseur puisse désirer : leur extrême ardeur, contenue par un dressage soigneux, tourne au profit du maître tandis que l'animal, livré à lui-même, dépense cette même ardeur au plus grand détriment de son propriétaire.

Le chien anglais doit chasser à bon vent, être d'une souplesse et d'une obéissance absolues, il doit appartenir à *un vrai chasseur* et non à ces nemrods de rencontre que l'on voit trop souvent : bien mené, c'est un animal incomparable ; pas mené du tout, ou mal mené, ce qui est pis encore, c'est *une rosse* de premier ordre.

Or, ils sont rares ceux qui savent conduire un chien, qui ne passent jamais une faute, qui sacrifieront dix pièces de gibier plutôt que d'en tuer une sur laquelle leur élève aura forcé l'arrêt, ceux qui, en un mot, chassent pour leur chien avant de chasser pour eux-mêmes ; c'est pourtant à eux que je m'adresse, c'est à eux que je dédie ce travail, leur prédisant qu'ils trouveront dans le Laverack

Setter un chien qui sera, en campagne, leur
digne compagnon de chasse, et, une fois rentré,
saura, par son dévouement et son affection, se
rendre digne d'une place au foyer domes-
tique.

IX

Je me permets d'attirer l'attention sur les portraits qui accompagnent cette étude, et pour lesquels M. Mégnin a bien voulu prêter le concours de son talent; le lecteur y trouvera les plus beaux types reproduits avec la plus scrupuleuse exactitude, et presque toutes ces gravures sont les décalques de photographies d'après nature.

Grâce à l'extrême obligeance de la plupart des propriétaires auxquels je me suis adressé, je puis donner les principales mesures de quelques-uns des chiens dont les portraits ont paru dans le cours de cet ouvrage, ce sont de véritables documents dont les éleveurs sauront apprécier l'incontestable utilité.

Tam of Braunfels (K. C. S. B. 11404), blanc et noir, moucheté (blue belton), né en avril 1881, par *Tam O' Shanter* (K. C. S. B. 6178) hors de *Daisy* (K. C. S. B. 6130); appartenant à S. A. le prince Albert de Solms.

PRINCIPALES MESURES EN CENTIMÈTRES

Hauteur de l'épaule . . . . 0^m54
Longueur du bout du museau à la naissance de la queue . . . . 0^m96

Longueur de la queue. 0m36
Tour de la poitrine. 0m65
Tour du rein 0m50
Tour du bras, près de l'épaule . . . 0m20
Longueur de la tête de l'occiput au bout
    du nez 0m23
Tour de la tête. 0m38
Tour du museau au milieu de la distance
    des yeux au bout du nez 0m25 1/2
Poids en kilogrammes. . . . . . . 20 kilos

Lord Tom (K. C. S. B., vol. X IV), blanc, moucheté de noir (blue belton), né le 14 janvier 1885, par *champion Sir Alister* (K. C. S. B. 10165), hors de *Belle of Furness* (1er prix, Birmingham, 1885); appartenant à M. P. Mulard, 14, rue d'Inkermann, Lille.

Hauteur de l'épaule 0m60
Longueur du bout du museau à la naissance de la queue 1m03
Longueur de la queue. 1m34
Tour de la poitrine. 0m68
Tour du rein 0m51
Tour du bras, près de l'épaule . . . 0m23
Longueur de la tête de l'occiput au bout
    du nez 0m255
Tour de la tête 0m38
Tour du museau, au milieu de la distance des yeux au bout du nez . . 0m25
Poids en kilogrammes. . . . . . . 21 k. 1/2

Sir Gilbert (K. C. S. B. 17805 — L. O. F. 309) (blue belton), né le 7 mai 1884, par *champion Sir Alister* (K. C. S B. 10.169) hors de *Mena* (K. C S. B. 19169), par *champion Rock*

hors de *Meg*, à M. Cockerton ; appartenant à
M. Paul Mulard, de Lille.

Hauteur de l'épaule 0ᵐ60
Longueur du bout du museau à la nais-
   sance de la queue 1ᵐ04
Longueur de la queue. 0ᵐ34
Tour de la poitrine. 0ᵐ70
Tour du rein. 0ᵐ52
Tour du bras près de l'épaule . . . 0ᵐ22
Longueur de la tête de l'occiput au bout
   du nez 0ᵐ25
Tour de la tête. 0ᵐ38
Tour du museau, au milieu de la distance
   des yeux au bout du nez 0ᵐ26
Longueur des oreilles étendues (mesures
   prises par-dessus la tête 0ᵐ44
Poids en kilogrammes. . . . . . 22 k. 1/2

Prince Fred (L. O F. 118), laverack setter
blue belton (blanc moucheté de bleu, oreilles
bleues, sans aucune grande marque). né le
3 juin 1884, par *Prince Max* (K C. S. B. 10154),
hors de *Myrle Bloom* (K. C. S. B. 11445) ; appartenant à M. A. Grassal, ancien garde
général des forêts, Mamers (Sarthe).

Hauteur de l'épaule 0ᵐ56
Longueur du bout du museau à la nais-
   sance de la queue 0ᵐ91
Longueur de la queue. 0ᵐ34
Tour de la poitrine. 0ᵐ71
Tour du rein. 0ᵐ58
Tour du bras près de l'épaule . . . 0ᵐ185
Largeur de la tête de l'occiput au bout
   du nez 0ᵐ25
Tour de la tête. 0ᵐ41

Tour du museau, au milieu de la distance
des yeux au bout du nez 0m24
Longueur des oreilles étendu s (mesures
prises par-dessus la tête 0m43

Champion Royal IV (K. C. S. B. 7175) blanc
moucheté de noir (White, ticked blue), né
en mars 1877, par *Rollick* (1428), hors de *Flame*
(4290) ; *Rollick* par *Rock II* (1427), hors de *Belle*
(1468) ; *Flame*, par *Dash* (1342), hors de *Carrie*
(1703) ; appartenant à M. Paul Gautier, à
Belair.

Hauteur de l'épaule 0m59
Longueur du bout du museau à la nais-
sance de la queue 1m03
Longueur de la queue. 0m365
Tour de la poitrine. 0m75
Tour du rein 0m605
Tour du bras près de l'épaule . . . 0m185
Longueur de la tête de l'occiput au bout
du nez 0m23
Tour de la tête 0m43
Tour du museau, au milieu de la distance
des yeux, au bout du nez. . . . 0m24
Longueur des oreilles étendues (mesures
prises par-dessus la tête 0m45
Poids en kilogrammes . . . . . 26 kilos

Telamon (K. C. S. B. 11407,), blanc, moucheté de bleu (blue motted), né le 28 février 1881,
par *Tam O' Shanter* (6118) hors de *Blue Belle II*
(6127), *Tam O' Shanter* par *champion Rock* (4280)
hors de *Rum* (1555), *Blue Belle II* par *Bandit*
(4258), hors de *Blue Belle Ier* ; appartenant à
M. Paul Gautier, à Belair.

Hauteur de l'épaule	0m55
Longueur du bout du museau à la naissance de la queue	0m93
Longueur de la queue, ...	0m31
Tour de la poitrine.	0m71
Tour du rein	0m56
Tour du bras près de l'épaule . . .	0m185
Longueur de la tête de l'occiput au bout du nez.	0m225
Longueur des oreilles étendues (mesures prises par-dessus la tête	0m14
Tour de la tête	0m405
Tour du museau au milieu de la distance des yeux au bout du nez	0m24
Poids en kilogrammes	24 kilos

Sarah (L. O. S. H. 234), blanche, mouchetée de bleu, oreilles noires (blue belton), née le 7 mai 1883, par *Young Rake*, hors de *Belle II*; *Young Rake* (L. O. S. H. 65) par *Rake* (K. C. S. B. 9097), hors de *Daphné* (K. C. S. B. 8203); *Rake* par *champion Rock* (K. C. S. B. 4280) hors de *Rum* (K. C. S. B. 1555), *Belle II* par *Prince IV* (D. H. S. B. 522), hors de *Léda*, par *Général Monk* (K. C. S. B. 11147), appartenant à Henri Dequin, à Amiens.

Hauteur de l'épaule	0m58
Longueur du bout du museau à la naissance de la queue	1m03
Longueur de la queue.	0m30
Tour de poitrine	0m73
Tour du rein	0m56
Tour du bras près de l'épaule . . .	0m17
Longueur de la tête de l'occiput au bout du nez	0m22

Tour de la tête 0ᵐ38
Tour du museau au milieu de la distance
    des yeux au bout du nez 0ᵐ24
Longueur des oreilles étendues (mesures
    prises par-dessus la tête) 0ᵐ45
Poids en kilogrammes . . . . 26 kilos

Royal Prince (K. C. S. B. 14146), blanc et noir, né le 17 mars 1882, par *Dash II* (K. C. S. B. 9039) hors de *Countess Rose* (K. C. S. B. 9123); éleveur M. Purcell Lewellin, appartenant à M. Coulombel, à Hesdin.

Hauteur de l'épaule 0ᵐ60
Longueur du bout du museau à la naissance de la queue 1ᵐ02
Longueur de la queue 0ᵐ37
Tour de la poitrine 0ᵐ74
Tour des reins 0ᵐ54
Tour du bras, près de l'épaule . . . 0ᵐ24
Longueur de la tête, de l'occiput au bout du nez 0ᵐ23
Tour de la tête 0ᵐ45
Tour du museau au milieu de la distance des yeux au bout du nez . . 0ᵐ22
Longueur des oreilles étendues (mesures prises par dessus la tête 0ᵐ49
Poids en kilogrammes . . . . . . 25 k.

Crystal, blanc et noir, né en mars 1885, par *Diamond IV* (K. C. S. B. 14132) hors de *Young Kate*; éleveur M. Armstrong; appartenant à M. Coulombel, à Hesdin.

Hauteur de l'épaule 0ᵐ55
Longueur du bout du museau à la naissance de la queue 0ᵐ99

Longueur de la queue . . . . . . 0^m32
Tour de la poitrine . . . . . . 0^m71
Tour des reins. . . . . 0^m52
Tour du bras, pris de l'épaule . . . 0^m30
Longueur de la tête, de l'occiput au
    bout du nez. . . . . 0^m22
Tour de la tête. . . . . 0^m40
Tour du museau au milieu de la distance
    des yeux au bout du nez. . . . 0^m22
Longueur des oreilles étendues (mesures
    prises par dessus la tête . . . . 0^m47
Poids en kilogrammes . . . . . 24 k. 1/2.

Nous comp'étons ces renseignements sur la conformation des Setters par le tableau des points que les juges anglais attribuent aux diverses régions du corps :

Mâchoires. . . . . 10 points.
Oreilles, lèvres et yeux. . . . . 5 —
Cou . . . . 4 —
Epaules et poitrail . . . . . . 15 —
Dos, quartiers, granet . . . . . 15 —
Jambes, coudes, jarrets. . . . . 12 —
Pieds . . . . 8 —
Queue. . . . . 5 —
Qualité du poil et panache . . . 5 —
Couleur . . . . 5 —
Couleur . . . . 5 —
Symétrie et qualité. . . . . . 10 —
                         ——————
                      100 points.

FIN

TABLE DES MATIÈRES

TABLE DES GRAVURES

Vincennes. — Imp. Albert Lévy et frère, 2, rue Lejemptel.

L'ÉLEVEUR

JOURNAL HEBDOMADAIRE ILLUSTRÉ

DE

ZOOTECHNIE, DE CHASSE

D'ACCLIMATATION

ET DE LA MÉDECINE COMPARÉE DES ANIMAUX UTILES

HONORÉ

D'UNE SOUSCRIPTION DU MINISTRE DE L'AGRICULTURE

RÉDACTEUR EN CHEF :

Pierre MÉGNIN. ✳, O✳, ✸

LAURÉAT DE L'INSTITUT

PRIX DE L'ABONNEMENT :

POUR LA FRANCE	POUR L'UNION POSTALE
Six mois, 8 fr. — Un an, 15 fr.	Six mois, 9 fr. 50 — Un an, 17 fr.

RÉDACTION ET ADMINISTRATION :

19, Rue de l'Hôtel-de-Ville, à VINCENNES
(Près Paris)

Bureau de Vente au numéro et d'abonnement

Passage des Panoramas, 19, à PARIS

Des **consultations vétérinaires**, particulièrement en ce qui concerne les maladies de peau, les maladies parasitaires ou microbiennes des animaux, des **comptes-rendus d'autopsies** et d'examen de pièces pathologiques sont donnés gratuitement, aux Abonnés, par la voie du journal. Les cadavres d'animaux et les pièces provenant d'animaux malades doivent être adressés franco au Bureau du Journal auquel est annexé un Laboratoire.

Des **consultations juridiques** sont aussi données par la même voie sur toutes les questions concernant la Chasse, le Commerce des Animaux, etc., etc.

Enfin, des **offres et demandes gratuites**, réservées exclusivement aux abonnés, sont aussi insérées dans le Journal.

Vincennes, Imp. Lévy et frère, en face la Mairie.

www.ingramcontent.com/pod-product-compliance
Lightning Source LLC
LaVergne TN
LVHW050841200726
843507LV00001B/363